食用菌病虫识别与防治原色图谱

宋金俤　曲绍轩　马林　主编

中国农业出版社

图书在版编目（CIP）数据

食用菌病虫识别与防治原色图谱 / 宋金俤，曲绍轩，马林主编．—北京：中国农业出版社，2013.4（2015.2重印）
ISBN 978-7-109-17785-7

Ⅰ．①食…　Ⅱ．①宋…　②曲…　③马…　Ⅲ．①食用菌-病虫害防治-图谱　Ⅳ．①S436.46-64

中国版本图书馆CIP数据核字（2013）第067711号

中国农业出版社出版
（北京市朝阳区农展馆北路2号）
（邮政编码　100125）
责任编辑　黄　宇
文字编辑　吴丽婷

北京中科印刷有限公司印刷　　新华书店北京发行所发行
2013年5月第1版　　2015年2月北京第2次印刷

开本：880mm×1230mm　1/32　　印张：5.125
字数：152千字　　印数：5 001～8 000册
定价：30.00元

编写人员名单

主　　编　宋金悌
曲绍轩
马　林

编写人员　（按姓名笔画排序）
边银丙
刘荣生
李辉平
应国华
张忠信
陈志雄
林金盛
侯立娟
曾凡清

前 言

21世纪是发展循环农业，推进建设现代农业进程的重要时期。食用菌生长的全过程都可以降解和利用农业有机废弃物，利用木屑、稻（麦）草、玉米芯、玉米秸、豆秸、棉籽壳等农林产品的有机废料进行食用菌栽培，提高了农林产品废弃物资源的利用率，实现农业资源的最大化利用，成为循环农业和生态农业的典范。

食用菌在农业生产中占有重要地位，已成为主要经济作物和创汇作物。目前种植食用菌的经济效益是蔬菜的5～6倍，是粮食的15～20倍。食用菌具有高蛋白、低脂肪、低热量、保健功能强的特点，满足了人们对食品营养的需求，受到了消费者的喜爱。食用菌消费量每年以10%～15%的速度递增，逐渐成为餐桌上的主要食品之一。

我国食用菌产业以飞快的速度在发展，现在有很多的种类如金针菇、杏鲍菇、真姬菇、白灵菇等已实现了工厂化栽培，产品质量得到安全保证。但是还有许多的草腐型食用菌在生料中栽培，由于栽培时间长，温度高，环境简陋，病虫害种类多及发生量大，导致产量、质量无法保证。因此，引导菇农了解病虫害发生规律，掌握病虫害无害化综合防控技术，生产出无污染的安全食用菌产品，是我国迈向世界食用菌强国的基础保证。

在食用菌界老前辈们丰富的病虫害防治理论指导下，在国家食用菌产业技术体系支撑下，食用菌病虫防控工作走上了正轨，在综合防控技术上取得了显著的成绩。我们通过多年的工作实践和团队成员的共同努力，对食用菌病虫害作了系统研究，针对食用菌不同种类的特点进行物理防控研究和生物药剂筛选，并进行多项防控技术集成，形成了各栽培种类病虫害绿色环保的防控体系。现将研究资料梳理汇编成此册，敬献给广大的食用菌栽培者及相关工作者，谨此希望它能在食用菌病虫害防控工作中起到一定的参考作用。

此书中采用的300多幅图片，历经20多年时间的积累，但是还有许多病虫种类未能收集到，将在今后继续收集，待再版时补充和完善。由于本书主要面向栽培者，在内容上侧重于病虫危害状况和防控措施，增强其直观性和实用性。

由于编者水平有限，书中难免错漏之处，敬请广大读者批评指正。

宋金俤

目 录

第一章 食用菌主要病害与防治

食用菌在生长、发育或运输、贮藏过程中，受病原生物的侵害，或受到不良环境因素的直接影响，引起外部形态或内部构造、生理机能等发生异常的变化，严重时引起子实体或菌丝体的死亡，其结果使食用菌产量降低，品质变坏，甚至生产失败。

按照病害是否由病原生物引起的区分，食用菌病害分为两大类：即侵染性病害（病原病害）和非侵染性病害（生理病害）。

第一节　竞争（侵入）性杂菌

一、真菌

1.木霉

（1）症状。木霉是侵害培养基料最严重的竞争性杂菌。凡适合食用菌生长的培养基料均适宜木霉菌丝营养需求，一旦接种面上落入了木霉孢子，孢子即迅速萌发形成菌丝，木霉菌丝初期呈纤细、白色絮状，菌丝生长快速，2天后能产生出绿色的分生孢子团，将料面覆盖，使食用菌菌丝失去营养而停止生长，菌袋报废。

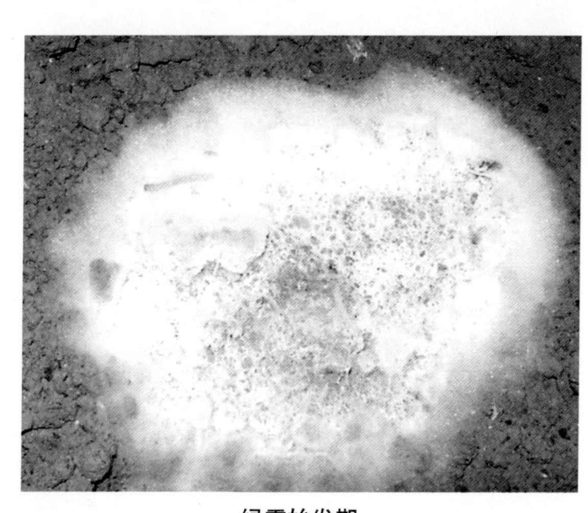

绿霉始发期

段木灵芝菌棒被绿霉侵染

绿霉污染金针菇菌袋

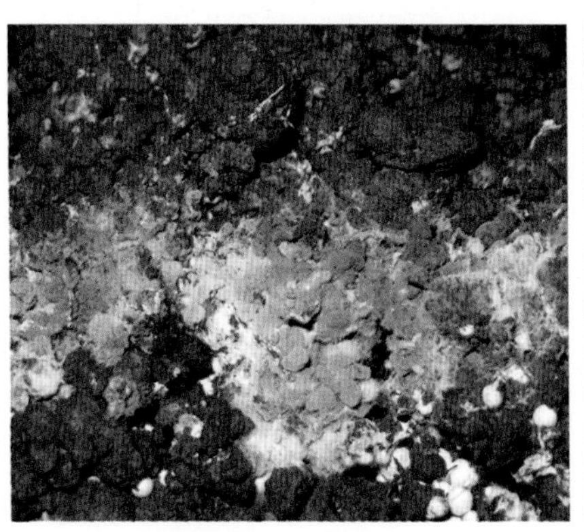

绿霉污染蘑菇菇床

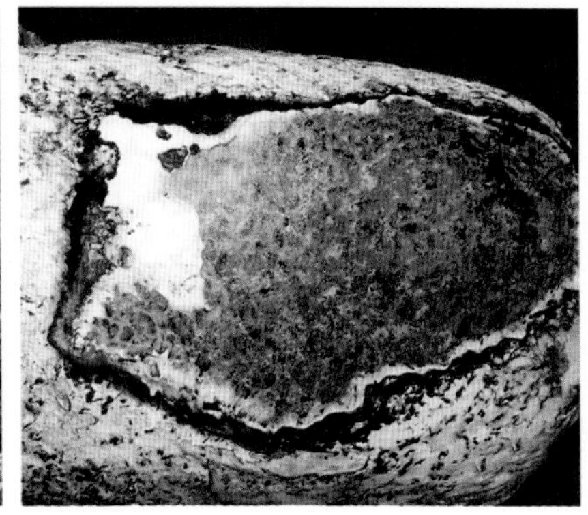

木霉与食用菌菌丝形成的拮抗线

(2)病原。常见的种类有绿色木霉（*Trichoderma viride* Pers. ex Fr.）和康氏木霉（*T. kaningii* Oudem）。木霉隶属于半知菌亚门丝孢纲丝孢目丛梗孢科木霉属。木霉菌落生长初期为白色，致密，圆形，向四周扩展，菌落中央产生绿色孢子，最后整个菌落全部变成深绿或蓝绿色。菌丝白色，透明有隔，纤细，宽度为1.5 ～ 2.4微米。分生孢子梗直径2.5 ～ 3.5微米，垂直对称分枝，分枝上可再分枝，分生孢子单生或簇生，圆形，绿色，产孢瓶体端部尖削，微弯，尖端着生分生孢子团，含孢子4 ~ 12个；分生孢子无色，球形至卵形，2.5 ~ 4.5微米 × 2 ~ 4微米。康氏木霉分生孢子呈椭圆形或卵圆形，个别短柱状，菌落外观浅绿、黄绿或绿色。

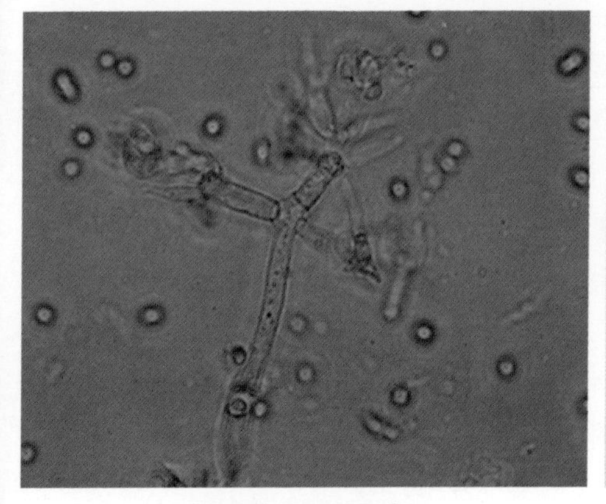

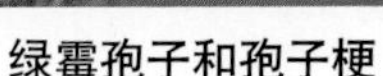

绿霉孢子和孢子梗

绿霉菌落

（3）传播途径和发病条件。木霉菌丝体和分生孢子广泛分布于自然界中，通过气流、水滴、侵入寄主。木霉菌丝生长温度4～42℃，25～30℃生长速度最快；孢子萌发温度10～35℃，15～30℃萌发率最高，25～27℃菌落由白转绿只需4～5昼夜，高湿环境对菌丝生长和萌发有利。在基质内水分达到65%和空气湿度70%以上，孢子能快速萌发和生长；菌丝生长pH为3.5～5.8，在pH4～5条件下生长最快；菌丝较耐二氧化碳，在通风不良的菇房内，菌丝能大量繁殖快速地侵染培养基、菌丝和菇体。

栽培多年的老菇房、带菌的工具和场所是主要的初侵染源，分生孢子可以多次侵染，在高温高湿条件下，重复侵染更为频繁。

（4）防控方法。

①清洁卫生减少病源。保持生产场地环境清洁干燥，无废料和污染料堆积。拌料装袋车间应与无菌室有空间隔离，防止拌料时产生的灰尘与灭过菌的菌棒接触时落下杂菌。

②减少破袋是防治杂菌污染的有效环节。聚丙烯袋厚度在0.04～0.05毫米以上，聚乙烯袋厚度0.06～0.065毫米以上，袋子面无微孔，底部缝接密封，装袋时应防止袋底摩擦造成破袋。

③科学调制配方，防止营养过剩。配制培养料配方时，尽量不加入糖分，防止培养料酸化；平衡碳氮比，防止氮源超标。

④菌袋灭菌彻底，防止留下空压死角。在整个灭菌过程中防止中途降温和灶内热循环不均匀现象；常压灭菌需要100℃下保持10小时以上，高压灭菌需125℃下保持2.5小时以上，等温度降低，菌袋收缩后才能开门取出。

⑤菌袋密封冷却，快速接种。出锅后的菌袋要避免与外部未消毒的空气接触，并要及时在接种室接种，适当增加用种量，以菌种量多的优势减少木霉侵染机会。

⑥保持菌种的纯净度和生命力。具有纯净和适龄的菌种和具旺盛活力的菌种是减少杂菌源和降低木霉侵染的基础保证。

⑦确保接种室和接种箱清洁无菌。接种环境高度清洁，降低接种过程的污染率，接种室应设有缓冲间，在菌袋进入之前要进行消毒，在接种前用40%二氯异氰尿酸钠熏蒸，能有效地消除木霉孢子；有条件的地方尽量用洁净台放入接种室内接种。

⑧调温接种，恒温发菌。在人工调温的接种室内，以20℃低温下接种能降低菌种受伤后因呼吸作用而上升的袋内温度，提高菌种成活率和发菌速度；22 ~ 25℃发菌可有效降低由温差引起的空气流通而带入的杂菌。

⑨发菌期勤检查，及时检出污染袋。发菌期多次检查发菌情况，发现污染袋应及时检出，以降低重复污染机会。

⑩出菇期干湿交替，保持通风。适当降低空气湿度减少浇水次数，防止菇棒长期在湿度大和不通风的环境下出菇，水分管理上应干湿交替，菌棒要在较低的湿度环境下养菌，在菇体转潮期不应天天浇水，保持一定干燥程度。

2.曲霉

（1）症状。在食用菌熟料生产的发菌过程中，曲霉的污染常发生，尤其在春夏季的多雨时期，空气湿度偏高时，菌种瓶口棉花塞在灭菌时受潮后，极易受到黄曲霉污染。曲霉孢子较耐高温，在灭菌过程中，常因温度不稳定或保持时间不够，导致灭菌不彻底，基质中的曲霉孢子未灭活，经发菌10多天后，在瓶口或袋壁内出现斑斑点点的绒毛状菌丝，后形成黄色或深褐色的粉末状分生孢子。曲霉孢子易黏附在瓶颈上的棉花塞上，也能在老种块上繁殖。在南方多雨地区，培养基质易周年发生曲霉污染。

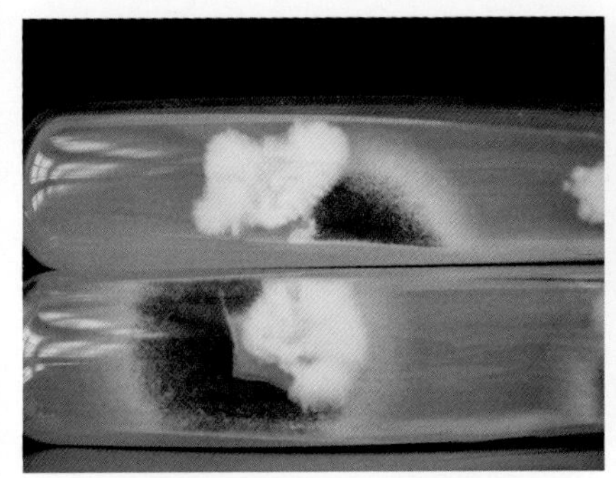

试管中的黑曲霉污染菌落

黄曲霉污染麦粒菌种

破袋引起的曲霉污染

曲霉与香菇菌丝争夺培养基

（2）病原。侵害食用菌培养基质的曲霉主要有黄曲霉（*Aspergillus flavus* Link）、黑曲霉（*Aspergillus niger* V.Tiegh.）、灰绿曲霉（*A. glaucus* Link），曲霉属半知菌亚门丝孢纲丝孢目丛梗孢科曲霉属。曲霉菌丝有隔、无色、淡色或表面凝集有色物质，为多细胞霉菌。在幼小而活力旺盛时，菌丝体产生大量的分生孢子梗。分生孢子梗顶端膨大成为顶囊，近球形至烧瓶状，顶囊表面长满一层或两层辐射状小梗（初生小梗与次生小梗）。最上层小梗瓶状，顶端着生成串的球形分生孢子。以上几部分结构合称为“孢子穗”。分生孢子单胞，球形，卵圆形。孢子呈黄、绿、褐、黑等各种颜色，因而使菌落呈现各种色彩。

PDA培养基上的黄曲霉

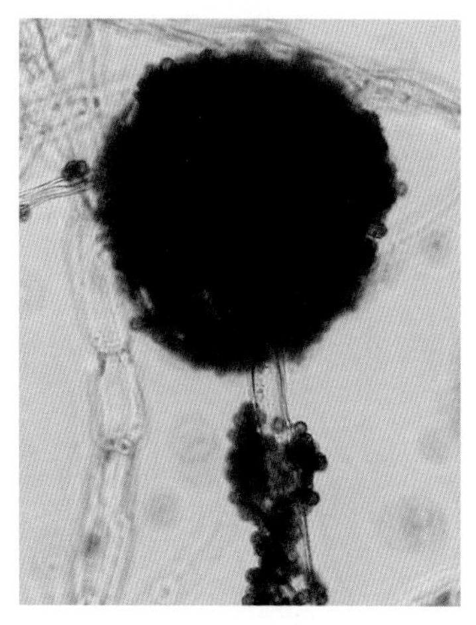

曲霉孢子囊

（3）传播途径和发病条件。曲霉菌分布广泛，能在有机残体、土壤、水等环境中生存，分生孢子随气流飘浮扩散。孢子萌发温度10～40℃，最适生长温度25～35℃。培养基含水量在60%～70%时生长最快，培养基含水量低于60%时，生长受到抑制，孢子较耐高温，在100℃下灭菌10～12小时或121℃下维持3～3.5小时才能杀灭基质内的曲霉孢子。PDA琼脂培养基上常因棉塞受潮后感染上黄曲霉，在麦粒或棉籽壳培养基中常因水分偏多、麦粒和谷皮开裂而遭受曲霉侵染。

（4）防控方法。

①降低发菌温湿度。接种和发菌温度控制在20～25℃，发菌室空气湿度低于60%，保持通风状态，有效地控制曲霉的繁殖速度，降低危害程度。

②减小基质中速效性营养成分。高温高湿季节生产时，应在配方中减少麸皮含量，更不宜添加糖分。

③灭菌操作过程中防止棉花塞受潮，接种时发现有湿潮的棉塞，要在接种箱内及时更换灭过菌的干燥棉塞，接种时应认真检查菌种瓶的棉花塞上是否长有曲霉，如长有曲霉的菌种不可使用。用于接种的菌种瓶口或试管的前端都需在酒精灯火上熏烧，烧除瓶壁上的曲霉等杂菌，棉

花塞也应拔出放在酒精灯上燃烧，并将棉塞表面黏附的尘埃棉花烧除才可使用此瓶菌种。

3.产黄青霉

（1）症状。在富含麸皮、米糠等速效性营养的代料培养基上常出现产黄青霉污染。用于栽培灵芝的小段木培养基或香菇代料培养基中，在发菌和埋土出芝过程也易受产黄青霉侵染。侵染初期培养基上出现白色绒状菌丝，随之转变为黄色，产生黄色霉菌层，其症状类似黄曲霉。

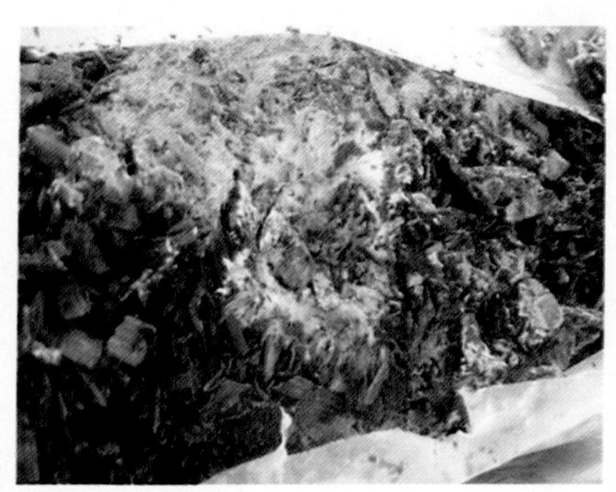

产黄青霉侵染香菇菌棒

（2）病原。产黄青霉（*Penicillium chrysogenum*）属半知菌亚门丝孢纲丝孢目（丛梗孢目）丛梗孢科青霉属。菌落圆形，致密绒状或略呈絮状，白色边缘上有放射状沟纹，表面常有黄色至柠檬色液滴渗出，并有水溶性黄色素扩散至培养基中。

灵芝木粒培养基被产黄青霉侵染

（3）传播途径和发病条件。产黄青霉菌丝和分生孢子广泛分布于自然界中，分生孢子通过气流、水滴带入培养基中。菌丝生长15～40℃，孢子在15℃以上萌发，20～35℃长速较快，15℃以下生长速度减慢。在基质内水分达到65%和空气湿度70%以上，孢子能快

产黄青霉平板背面菌落

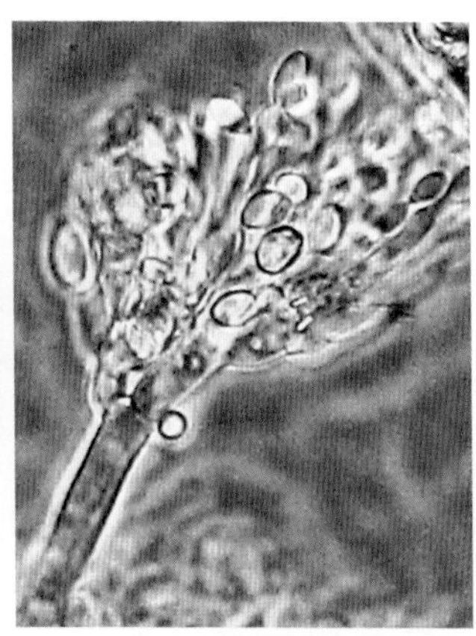

产黄青霉孢子梗

速萌发和生长，pH为3.5～6时，菌丝生长最为适宜。产黄青霉分泌的毒素能抑制菌丝生长，培养基被产黄青霉污染后报废。遇高温高湿的季节产黄青霉发生量大，危害严重，常用的多菌灵类的杀菌剂不能有效抑制产黄青霉生长。

（4）**防控方法**。参照木霉防控方法。

4. 褐色石膏霉

（1）**症状**。褐色石膏霉是草腐菌和覆土类品种常见的竞争性杂菌。发病初期培养基质表面或覆土层面上出现浓密的白色菌落，随着菌落的不断扩大，中心菌落的菌丝由白色渐转变为肉桂色，最后形成褐色粉末状的菌核。

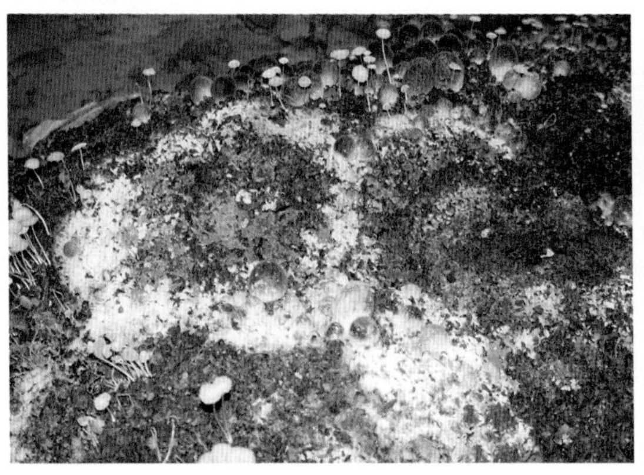

草菇菌床上的石膏状霉菌

成熟期形成的球形菌核状暗色细胞团

稠密的白色菌丝

褐色石膏霉污染鸡腿菇菌床

（2）病原。褐色石膏霉又名黄丝葚霉（*Papulaspora byssina*），属半知菌亚门丝孢纲无孢目无孢科。黄丝葚霉只有菌丝和菌核两种形态。菌丝初为白色，后渐变褐色。菌核由球形的细胞组成，组织紧密，球形或不规则，用手触及有滑石粉状感觉。

（3）传播途径和发病条件。草腐菌基质在高温高湿环境、在偏碱性的条件下易发生褐色石膏霉菌，如蘑菇培养料在发酵过于熟化、料中氨含量偏高、水分偏多、温度偏高的情况下，容易出现褐色石膏霉菌危害。在蘑菇覆土后土面上易出现大片的褐色石膏霉菌块，在草菇二潮菇后料面上也易发生褐色石膏霉菌块，病菌抑制食用菌菌丝生长，推迟出菇时间，发生量大时产量受到影响。褐色粉末状的菌核在空气中传播，成为下次侵染的病原。

（4）防控方法。

①掌握发酵料的腐熟程度，在发酵后期不应加入石灰等碱性材料。

②高温期栽培时宜适当减少培养料中氮肥含量，并降低料中含水量。

③以通风、避光和减少单位面积投料量（高温期播种时）的方式降低发菌期菇房温度。

④当菇床出现褐色石膏霉菌块时，应及时挖出病块，病块处不浇水让其干燥，待病菌消除后再浇水促菇。

5.可变粉孢霉

（1）症状。在草腐菌发菌期和覆土期，菇床上易出现可变粉孢霉污染。发病初期，可变粉孢霉菌丝由培养料内经土缝向表面生长，菌丝白色，短而细，呈现出棉絮状的菌丝丛，严重时可铺满土层表面。经过一段时间，菌丝变为灰白色，到生长后期，灰白色粉状菌丝转变为橘红色颗粒状分生孢子。

高温蘑菇床可变粉孢霉

可变粉孢霉侵染菌袋

（2）病原。可变粉孢霉又称棉絮状杂菌（*Oidium variabilia*），属半知菌亚门丝孢纲丛梗孢目淡色菌科粉孢属。菌丝无色，多分隔。分生孢子梗短、直立、不分支，分生孢子粉粒状、囊生、橘红色。生长后期菌丝也能断裂成粉孢子。

（3）传播途径和发病条件。蘑菇上可变粉孢霉发病，多在秋菇覆土前后、春菇的土面调水阶段。在培养料只做一次发酵的菇床上，可变粉孢霉发生量较多。病菌在10～25℃、湿度偏高环境中生长较快。可变粉孢霉在土面大量发生时，会影响蘑菇菌丝的生长和子实体的形成，病区菇表现出菇小、菇稀或不出菇，明显影响蘑菇的产量与质量。可变粉孢霉来源于粪草基质和富含有机质的土中及地表水中。未经二次发酵和未经消毒处理的覆土材料是病菌的主要来源。

（4）防控方法。强调草腐菌的二次发酵处理，利用后发酵升温期60℃的高温杀灭病菌；覆土材料宜用50%咪鲜胺2 000倍拌土，也可用5%福尔马林每2.8米^{3}0.5升，并在药液中拌入125克高锰酸钾进行土壤处理，经药剂处理的土壤堆制5天后使用。春菇调水期可用40%噻菌灵4 000倍喷雾于菇床表面，用以控制出菇期的病菌发生和危害。

6.根霉

（1）症状。根霉以菌丝和孢子侵染木腐菌的熟料培养基，在高温期菌袋生产时，常遇根霉侵染危害。严重者根霉污染率40%以上，根霉已成为高温期制袋生产的主要杂菌之一。

在熟料培养袋中，根霉孢子一旦接触培养料，菌丝萌发迅速繁殖，随培养料温度升高，根霉生产速度加快，短期内菌袋中长满了灰白色发亮的参差不齐的菌丝。形成孢子后在培养基表面出现许多圆球状小颗粒，小颗粒初为灰白色或黄白色，再转变成黑色，到后期出现黑色颗粒状霉层。在接种时带入的根霉，根霉快速萌发侵占接种面，而后萌发的食用菌菌丝失去了营养，不能生存，导致接种失败。因破袋侵入的根霉菌丝与食用菌菌丝接触时，在交接处形成明显的拮抗线。

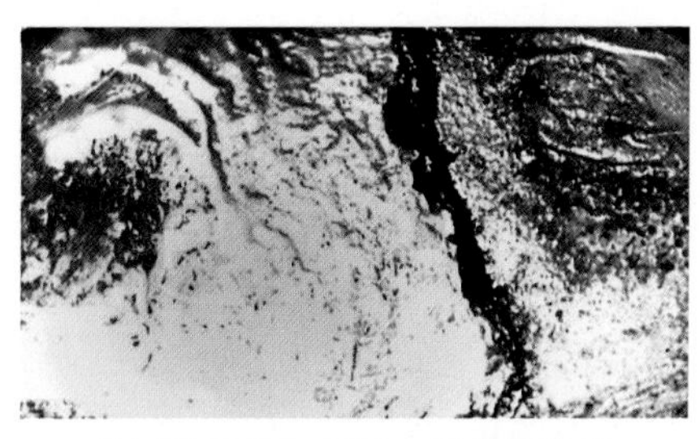

茶树菇菌丝与根霉之间的拮抗线

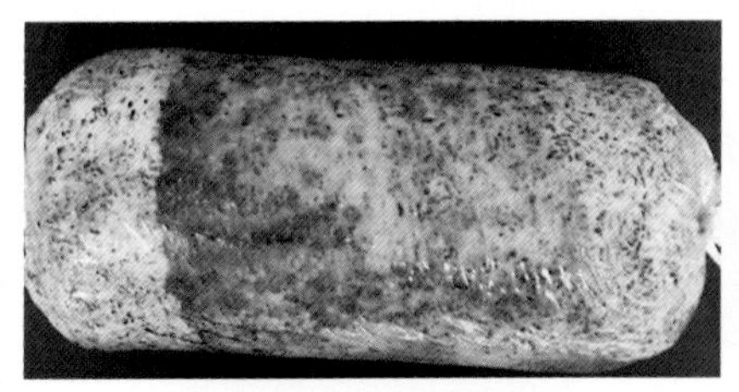

破袋引起的根霉侵染

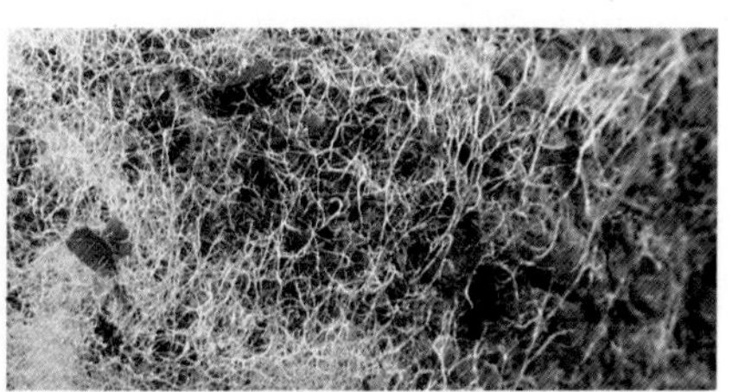

生长中的根霉菌丝

（2）病原。根霉（*Rhizopus*）属接合菌亚门接合菌纲毛霉目毛霉科根霉属。危害食用菌最常见的根霉种类为黑根霉[*Rhizopus stolonifer* (Ehrenb. ex Fr.)Vuill]。菌丝白色透明，无横隔，在培养基内形成葡萄状，每隔一段距离长出根状菌丝，称之为假根。假根发达，分枝多，褐色，两节间距离1～3毫米，能从基质中吸取水分和营养物质。孢子形状不对称，近球形、卵形或多角形，表面有线纹，褐色或蓝灰色，5.5～13.5微米

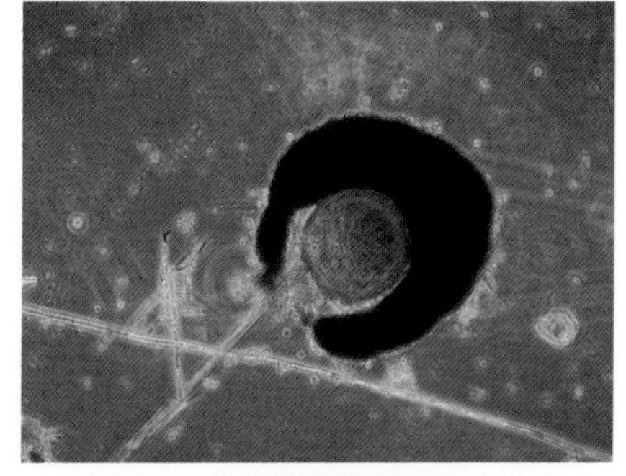

黑根霉孢子囊

×7.5～8微米。

（3）传播途径和发病条件。根霉为喜高温的竞争性杂菌。广泛分布于空气、水塘、土壤及有机残体中。菌丝能分解吸收富含淀粉、糖分等速效性养分基质。因此，熟化的培养基在高温期间接种和发菌时极易遭受侵害。而生料和发酵料则不易遭受根霉侵害。25～35℃期间是根霉繁殖活跃期，20℃以下菌丝生长速度下降。根霉抗药性强，多菌灵、托布津等农药，不易控制根霉生长。在pH 4～7的范围内，菌丝生长较快。

香菇菌丝能在被根霉侵染过的培养基中继续生长，但养分吸收转化不完全，菌棒板结，开袋后转色困难，泡水后易散筒。平菇菌袋被根霉侵染后，平菇菌丝生长不齐、菌丝稀少，出菇后菌袋又易被木霉侵染。根霉菌丝在金针菇培养基中，菌丝生长浓密，有时难以与金针菇菌丝区别，以致当成金针菇菌种使用而造成大范围污染而报废。

（4）防控方法。参见木霉的防控方法。

7.毛霉

（1）症状。毛霉是夏秋季侵染食用菌培养料的一种高温性杂菌。在PDA培养基中常因棉花塞吸潮后并沾上培养基时，毛霉菌丝侵入，在2天内从棉塞上长出菌丝，再侵染培养基，很快在PDA培养基面上布满杂乱的菌丝和灰色的孢子囊。富含淀粉的发酵料在发酵期间遇高温，毛霉菌丝快速繁殖使培养料结块成团，经毛霉污染的培养料食用菌菌丝生长受到抑制。

覆土中的毛霉菌丝

生料中的毛霉菌丝

死亡的菇体上长出的毛霉菌丝

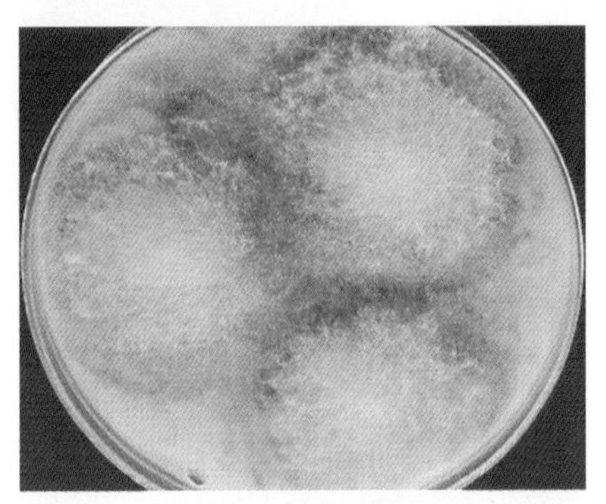

PDA上的毛霉菌落

（2）**病原**。侵害食用菌的毛霉主要是总状毛霉（*Mucor racemosus* Fres），又名长毛霉、黑色面包霉。属真菌门接合菌亚门接合菌纲毛霉目毛霉科。菌落在PDA上培养，浅黄褐色，薄棉絮状，无横隔。孢囊梗具有短的、稀疏的假轴状分枝。孢子囊直径20～100微米，囊轴近球形，17～60微米×10～45微米。孢囊孢子近球形、宽椭圆形，单个无色，聚集在孢囊中呈灰色，5～8.5微米 × 4～7微米。接合孢子球形，有粗糙的突起，直径70～90微米。配囊柄对生，无色，无附属物。形成大量厚垣孢子，其形状、大小不一致。

（3）**传播途径和发病条件**。毛霉孢子广泛存在于空气，水源，土壤和有机残体中，当温度在20～40℃时，孢子和菌丝能在富含速效性培养基上萌发和生长。在香菇、平菇培养料中，在麸皮20%以上，水分偏多的状况下易引发毛霉生长，被毛霉侵染过的培养料，虽经灭菌，其菌丝分泌的毒素仍能抑制食用菌菌种萌发和发菌。棉籽壳在未充分晒干的情况下极易被毛霉侵染而板结成块，使之报废。

（4）**防控方法**。参照木霉和曲霉防控方法。

8.链孢霉

（1）**症状**。链孢霉是高温季节菌袋生产中的主要杂菌。如生产场所存在菌源，菌袋生产操作不规范，极易引发链孢霉菌侵染危害。链孢霉菌丝生长快速，试管内菌丝2天长满，第三天便产生橘红色或白色的分生孢子，第五天菌丝透过棉花塞在试管口长出橘红色或白色的孢子团，孢子粉随着空气扩散到其他菌袋袋口和破袋处进行重复感染，或随着工作人员手、衣服表面等携带到另一菌种房进行重复污染。高温季节生产的香菇、平菇、茶树菇、金针菇等菌袋极易遭受链孢菌侵染危害。

发菌期链孢霉污染

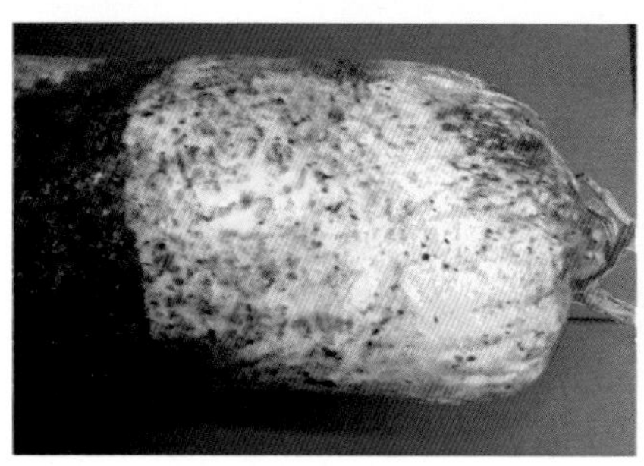

平菇菌袋被链孢霉侵染

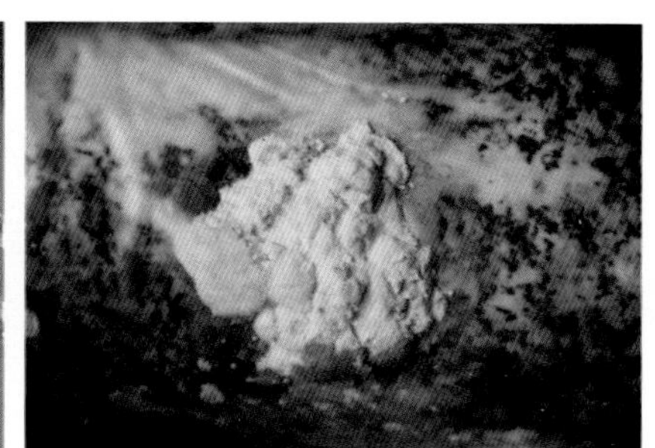

香菇菌棒被链孢霉侵染

（2）病原。链孢霉又称好食脉孢霉（*Neurospora sitophila* Shear et Dadge），属子囊菌亚门子囊菌纲粪壳菌目粪壳菌科，无性阶段为丛梗孢属。分生孢子梗直接从菌丝上长出，与菌丝无明显差异，梗顶端形成分生孢子，并以出芽生方式形成长链，链可分枝，分生孢子链外观为念珠状。生长后期菌丝也可断裂成芽孢子。分生孢子卵圆形或球形，无色或淡色。菌丝初为白色或灰色，绒状，匍匐生长，分枝，具隔膜，后逐渐变成红色或白色，并在菌丝上层产生红色或白色粉末。有性繁殖产生子囊孢子，子

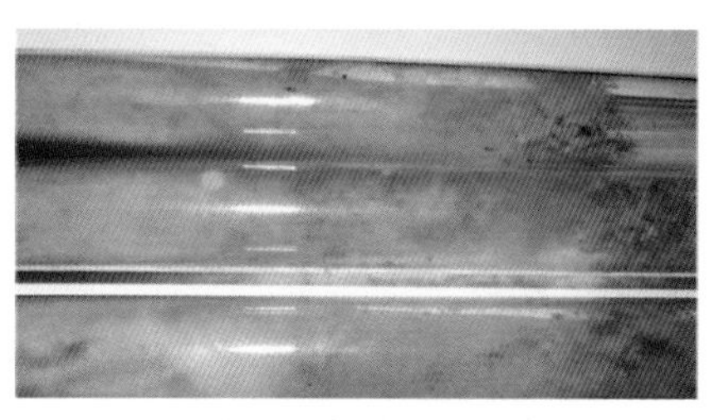

PDA培养基中的链孢霉菌丝

囊壳近球形或卵形，簇生或散生，暗褐色至黑色；子囊圆柱形，有孔口，内有8个子囊孢子。子囊孢子初为无色，后变成暗褐色，有纵行叶脉状花纹。菌落初期为白色粉粒状，后期呈红色或白色，绒毛状。

（3）传播途径和发病条件。链孢霉菌在自然界中广泛分布，在富含淀粉和糖分的有机质上菌丝快速生长，在高温期潮湿的玉米芯表面容易长出链孢霉孢子。病菌耐高温，在25～35℃下，生长快速，培养基含水量在60%～70%长势良好，快速形成孢子团。但在密闭的瓶内菌丝生长瘦弱难以形成孢子。pH在5～8时生长适宜。

（4）防控方法。做好菌种和发菌场所的清洁卫生。一旦发现个别菌袋长出链孢霉菌，立即用薄膜袋套上，放入灶膛内烧毁。

参照木霉防控方法。

9.胡桃肉状菌

（1）症状。胡桃肉状菌是高温期发生在多种食用菌菌丝体上的竞争性杂菌。如金针菇、平菇菌袋上，病菌吸收菌丝营养，抑制金针菇生长。四孢蘑菇和春夏季生长的双孢蘑菇，经覆土后出菇期，在土面上冒出团状的胡桃肉状小颗粒，初期白色，后渐转变为红褐色，并散发出刺激性的漂白粉味道。如在覆土期长出病菌，并很快在菇床上蔓延，蘑菇菌丝逐步萎缩，无蘑菇长出；如在出菇期出现病菌，蘑菇产量下降。经胡桃肉状菌侵染的菇房，病菌较难清除，每年容易发病。

胡桃肉状菌块的菌索侵入蘑菇菌丝体吸取养分

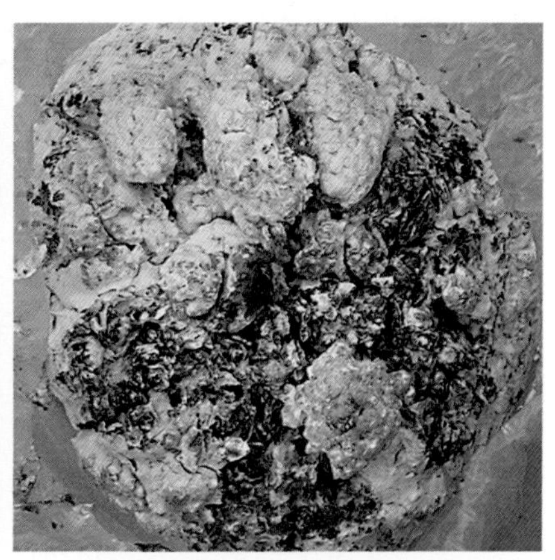

金针菇菌袋中的胡桃肉状菌

进入有性期的胡桃肉状菌

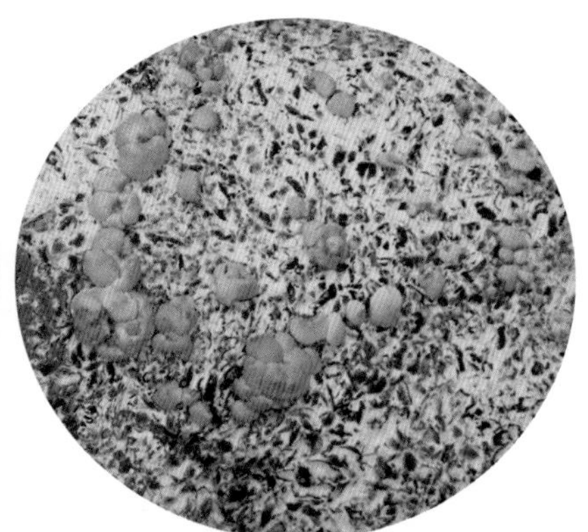

平菇菌袋的胡桃肉状菌

夏蘑菇床上的胡桃肉状菌

（2）病原。胡桃肉状菌[*Diehliomyces microsporus*（Diehl. et Lamb.）]又名狄氏裸囊菌、脑菌、假块菌。属子囊菌亚门散囊菌纲散囊菌目裸囊菌科胡桃肉状菌属。菌丝白色粗壮，有分隔、分枝；子囊果由菌丝组成，致密、有脉络及空隙，外形呈胡桃肉状或牛脑状，表面有不规则皱褶，菌块初期为白色小点，许多小点堆集成菌团或菌块，菌块形状不规则，表面呈脑状，皱纹似核桃仁，其直径可达1～5厘米，群生。

（3）传播途径和发病条件。病菌主要来源于土壤，由覆土材料带入菇床。子囊孢子在16℃时萌发，20～35℃时侵染力最强，发病最快；15℃以下和35℃以上菌丝难以生长；喜高湿环境，在培养基含水量70%，菇房空气湿度85%以上，孢子迅速萌发形成菌丝。在堆料中氮肥偏高和发酵过熟的状况下更易引发病菌发生，在蘑菇和金针菇同时栽培的产区，病菌循环污染，病源不易消除。

在蘑菇未产菇之前发病，蘑菇产量将减产50%～100%，在出2潮菇后发生，减产30%以上。四孢蘑菇栽培的高温季节，常受胡桃肉状菌侵染。在秋季金针菇、平菇的制种和发菌期间，胡桃内状菌能侵染金针菇培养基，并与金针菇菌丝共同生长，在金针菇菌丝发满袋后，胡桃肉状菌在菌袋壁上扭结，出现粒状的菌块，形似金针菇原基，开袋后在袋口冒出大朵的菌块，金针菇难以生长。

（4）防控方法。

①已发病的老菇房宜改种其他类型品种。

②推广河泥砻糠作覆土材料，消除病原。

③在二次发酵期间，保持菇房70℃高温并维持7小时以上，杀死菇房内的胡桃肉状菌孢子。

④一旦发病，菇房停止浇水，挖除病菌块，并在病灶处撒上菇丰或施保功粉剂，再填补上干净的覆土材料，待下潮菇蕾冒出时再开始浇水管理。

10.总状炭角菌

（1）症状。总状炭角菌其菇体形似鸡爪被称之为鸡爪菌，病菌主要寄生于鸡腿菇菌丝体上。初期在菇床覆土层中长出细小的棒状小枝梗，

鸡腿菇未出菇即被炭角菌侵染

炭角菌被木霉侵染

总状炭角菌的根系侵入鸡腿菇菌丝体中

长大后形成丛生状的褐色子实体，子实体呈爪状或近似鸡冠状。掰开土层可见到病菌基部长有粗壮的菌索直深入鸡腿菇菌丝层。长有鸡爪菌的菇床，鸡腿菇菌丝逐步消退，不再出菇。在连种多年的鸡腿菇菇房，经覆土后易造成鸡爪菌优先长出，鸡腿蘑菌丝营养被鸡爪菌转化吸收，鸡腿蘑失去出菇能力。当鸡腿菇长出1潮菇后，随着鸡爪菌长出，鸡腿菇也难以长出。在PDA培养基上培养鸡爪菌，菌丝量稀少，极易形成索状菌丝，并很快形成子实体。鸡爪菌已成为鸡腿菇上的重要性杂菌。

（2）病原。总状炭角菌（*Xylaria pedunculata* Fr.）属子囊菌亚门核菌纲炭角菌目炭角菌科炭角菌属。子实体多丛生或簇生，分枝柱状或稍偏，上部呈指状或鹿角状，爪状或类似鸡冠状，淡土黄色，后期变暗褐色，顶钝或尖而不孕。菌柄基部色淡或污白色，似有一层细绒毛。子囊壳呈点状凸起。子囊长圆柱形，100 ～ 150微米 ×6 ～ 8微米。子囊含8个子囊孢子，光滑无隔，11 ～ 14微米 ×5.6微米，近椭圆形。

（3）传播途径和发病条件。总状炭角菌初侵染源来自于土壤带菌，随着菇床覆土带入菇床内，其子囊孢子能在老菇房土壤内生存，成为再侵染源。病菌喜高温高湿，温度20 ～ 35℃，生长快速。在基质内湿度60%以上，菇房空气湿度80%以上，长势旺盛。当温度低于20℃以下发生量减少，15℃以下不能形成子实体。目前未有发现总状炭角菌侵染其他食用菌的报道。

（4）防控方法。

①老菇房应用不同品种轮种2年以上，防止连种造成重复侵染。

②覆土材料选用河泥砻糠土或水稻田的深层土或山地的生土，覆土使用前用杀菌剂福噻或咪鲜胺锰盐1 000倍拌土处理，杀灭土壤中的病菌后再覆土。

③推广熟料栽培，适当推迟秋季栽培时间，在早春宜提早制袋，适温发菌，控温出菇，15 ～ 25℃出菇环境能有效降低病菌发生和危害程度。

11. 疣孢褐地碗菌

（1）症状。疣孢褐地碗菌也称盘菌，多发生于蘑菇、鸡腿菇、大球盖菇和平菇生料栽培时的菇床上。在经过较长时间发菌或出菇期的覆土层面上长出一颗一颗圆形、形似碗状的子囊盘，初出现时为近圆形，中间有一开口，长大后开口成碗状、无柄的子实体。子实体呈肉色，后期

蘑菇床上盘菌

球盖菇麦秸料中盘菌

球盖菇覆土面上的盘菌

边缘开裂呈花瓣状。地碗菌发生量大的菇床，食用菌菌生长受抑制，子实体减少或不出菇。

（2）病原。病原菌（*Peziza badia* Pers.）属子囊菌亚门盘菌纲盘菌目盘菌科盘菌属。子囊盘较小，丛生，无柄，深杯状，暗褐色，直径3～6厘米。子囊上部圆柱形，向下渐细形成长柄，有孢子部分90～150微米×12～16微米。孢子单行排列、椭圆形，有明显小疣，无色或稍有色，一般含两个油滴，18～21微米×8～10微米。侧丝细长，浅黄色，有横隔，顶部稍膨大。

（3）传播途径和发病条件。疣孢褐地碗菌生存于土壤和有机物质上，病菌随栽培料进入菇床，也可由孢子随水和空气传入菇床，经一段时间繁殖后发病。在有机质丰富、菇房湿度较大、通风较差的条件下易发生。

（4）防治方法。

①选择地势高、通风好的栽培场地，防止畦面积水引发疣孢褐地碗

菌发生。

②培养料进行二次发酵，消灭培养料中的病原菌。

12.橄榄绿霉菌

（1）症状。橄榄绿霉菌多发生在草腐菌培养料上，病菌菌丝初期灰色，随着病菌生长增大转变成白色，菌丝多时呈棉毛状，菌丝生长不久后，就可以找到子实体（子囊壳）。子囊壳绿色至褐色，大小如针头，生长在富含氮肥的发酵料草上。病菌能抑制蘑菇菌丝生长，患病区蘑菇菌丝生长细弱，出菇少或不出菇。

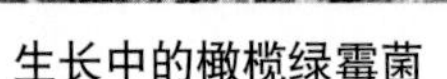

生长中的橄榄绿霉菌

蘑菇基料中的橄榄绿霉菌

（2）病原。病原菌为橄榄绿毛壳（*Chaetomium olivaceum* Cook and Ell）、球毛壳（*C. plobosum* Kunze）和嗜热毛壳霉（*C. thernophile* la Touche）。属子囊菌亚门核菌纲球壳菌目毛壳菌科毛壳菌属（黄年来标为粪壳霉科）。初期菌丝体淡灰色，棉絮状，浓密。成熟时菌丝体变为暗绿色至橄榄绿霉色，并形成分散、有毛的子囊壳，具有一簇顶生、不分枝的毛，通常有一孔口。子囊棒状，易消失。子囊壳表生、球形，子囊有柄、棒形、壁薄，成熟时融化。子囊孢子单细胞，无色或暗褐色，卵圆形、柠檬形或椭圆形且或多或少侧扁。

（3）传播途径和发病条件。橄榄绿霉菌多生存于腐烂的有机残体中，由培养料带入菇房，在富含淀粉和糖分的堆肥上菌丝快速生长，一般在播种后两周内出现。后发酵期间堆肥发热过甚，料温过高（62℃以上），有利于这种病菌生长。在后发酵期间，由于菇床表面的新鲜空气不足或者进入堆肥内部的空气受阻（堆积得太紧），使堆肥中的含氨量高，氧气不足，甚至处于厌氧状态，更适于该菌生长。

（4）防控方法。

①掌握好二次发酵程度，避免缺氧发酵。发酵时菇房要定时通风换气，受感染的堆肥可延长后发酵天数。在延长发酵期间，要控制温度（60℃以下）和供给大量的新鲜空气。

②控制好培养料中的氮肥含量，适当减少禽畜肥含量，可明显减少橄榄绿霉菌发生量和危害程度。

③土壤以50 ～ 62℃蒸汽灭菌1小时，可以杀灭病菌孢子。

13. 环纹炭团菌

（1）症状。俗称黑疔菌，主要发生在段木栽培的香菇、木耳和灵芝的阔叶树段木上。年初（1 ～ 2月）接种的段木，发菌至5 ～ 6月份，在段木树皮的龟裂处和断面等处，出现黄绿色的小菌落和分生孢子堆，这是病菌的无性世代。菌落不断生长，多个菌落互相连接成大片的菌

环纹炭团菌菌丝（黑色部分）

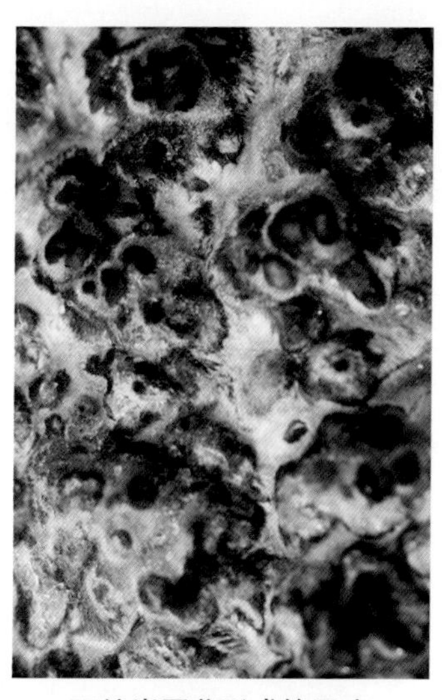

环纹炭团菌形成的黑疔

环纹炭团菌侵染金针菇菌袋

团。8～9月份黄绿色菌落逐渐消失，长出黑色的子座，子座很快成熟，重合形成"黑疔"。段木长了黑疔以后，材质变脆，香菇、黑木耳菌丝生长完全受到抑制。感染当年子座发生较少，第二年大量发生。近年来也在代料栽培的培养基上出现炭团菌袋，菌丝呈黑色并有成片的黑疔，菌丝生长受阻菌袋报废。

（2）病原。病原菌为*Hypoxylon annulatum*（Schw.）Mont.，属子囊菌亚门核菌纲球壳目炭棒菌科炭团菌属。子座半球形至瘤形，直径5毫米左右，往往互相连接而不规则。初期草绿色，后咖啡色，最终变黑，炭质。子囊壳近球形，直径0.8～1.1毫米；老熟的子囊孢子常常破裂，裂开的子囊孢子显示有内外两层壁，外层壁黑色、硬脆，内层壁无色，膜质柔软。

（3）传播途径和发病条件。病菌多寄生于阔叶树的枯木上，成熟的子囊孢子放射出来，在当年接种的段木上发芽生长。7～9月份，在树皮龟裂处和截杆断面上出现黄绿色的分生孢子层，分生孢子借风、雨水传播，产生过分生孢子的一团菌丝继续生长，形成子座并不断地产生出子囊孢子。环纹炭团在高温高湿的条件下容易发生，孢子萌发时要求空气湿度在95%以上，温度5～35℃，pH 3～8。早春阳光直射，段木温度升高是诱发病菌感染的原因。

（4）防控方法。

①搞好菇场环境卫生，消除菇场杂草、灌木，减少侵染源，加强菇场通风，变换菇木的堆形以降低菇场湿度。

②感染严重的段木应隔离或烧毁。

③代料栽培木屑含有炭团菌病原，场地易被污染，发菌房应做空气净化处理。

④在发病初期使用浓度为500微克/毫升的噻菌灵、咪鲜胺1 000倍液喷雾能抑制环纹炭团菌子囊孢子萌发和菌丝生长。

14. 鬼伞

（1）症状。鬼伞是夏季高温期发生于粪草菌类培养料上的竞争性杂菌。在蘑菇、草菇、鸡腿菇、球盖菇，甚至在平菇棉籽壳培养料内都可长出鬼伞。堆料发酵未完全或氨气较多，以及堆肥在发酵期间受到暴雨淋湿后，料温下降，都易造成鬼伞爆发。鬼伞菌丝稀疏，在鬼伞生长的菇床表层见不到菌丝，只见到一簇簇的鬼伞小蕾从中冒出，很快即成熟

鬼伞开伞后流出黑色的孢子液

棉籽壳发酵期间长出鬼伞

鸡腿菇发菌期料中长出鬼伞

草菇床上的鬼伞

蘑菇床上的鬼伞

开伞并流出黑汁。鬼伞会与蘑菇菌丝竞争，影响蘑菇产量。

(2) 病原。鬼伞属担子菌亚门层菌纲伞菌目鬼伞科鬼伞属。侵害食用菌的鬼伞主要有毛头鬼伞（*Coprinus comatus*）、长根鬼伞（*C. macrorhizus*）、墨汁鬼伞（*C. atrameatarius*）和粪污鬼伞（*C. sterquilinus*）。鬼伞菌丝白色，子实体早期白色，很快变黑并液化。

(3) 传播途径和发病条件。鬼伞在自然界中广泛分布，孢子和菌体生存于秸秆和厩肥上，由空气、水流和培养料带菌造成危害。鬼伞喜高温高湿，在20 ~ 40℃生长迅速，20℃以下发生较少。菌丝在pH 4 ~ 10均能生长。培养料氮肥含量偏多时能促进鬼伞菌丝生长。

(4) 防控方法。选用新鲜未霉变的培养料，在高温期发酵时加强通气，防止雨淋，减少氮肥的使用量。培养料发生鬼伞时，应在其开伞前及时拔除，防止孢子传播引发再次污染。

15. 褐轮韧革菌

(1) 症状。褐轮韧革菌是黑木耳段木上普遍发生的害菌。初期革菌子实体平铺耳木表面，后期边缘反卷，往往相互连接呈覆瓦状。菌盖表面有绒毛，栗褐色，边缘浅灰褐色，有数圈同心环沟，外圈绒毛较长，最后渐变成光滑，颜色也变淡。在食用菌段木栽培中危害香菇、木耳和银耳的段木，与食用菌争夺水分和营养，影响菌丝正常生长，造成减产。

褐轮韧革菌子实体

(2) 病原。褐轮韧革菌（*Stereum ostrea*）俗称金边蛾。属担子菌亚门异隔担子菌纲无褶菌目韧革菌科。子实体胶质，黑褐色，有辐射状皱褶或皱疣，在潮湿的环境中呈淡褐色，呈脑髓状皱曲。担孢子近椭圆形。担孢子发芽速度快，温度达到20℃就会在24小时内全部萌发，有亲和性的菌丝间融合，形成双核菌丝，很快完成生活史。

（3）防控方法。参照香菇段木黑腐病防控方法。

16.肉红色粪锈伞

（1）症状。肉红色粪锈伞多发生于棉籽壳发酵堆上，菌丝浓白，生长速度快，在10 ～ 30℃可长出菇体，菇体成丛状，呈肉红色，菇盖直径4 ～ 8厘米，厚度0.2 ～ 0.5厘米，菇体开伞后即枯萎，孢子萌发重复污染培养基。被肉红色粪锈伞污染培养基，影响食用菌菌丝萌发，并影响产量。

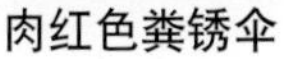

肉红色粪锈伞

肉红色粪锈伞及床面上的菌丝

（2）病原。肉红色粪锈伞[*Bolbitius demangei*（Quel.）P. A. Sacc. et O. Sacc.] 属担子菌亚门伞菌目粪锈伞科。在稻草、棉籽壳或废棉等栽培基质发酵期间，堆温温度偏低并长期堆制后就易萌发肉红色粪锈伞。

（3）防控方法。参照鬼伞防控方法。

17.干朽皱孔菌

（1）症状。此杂菌多发生在香菇、木耳栽培的段木树皮内层及表面。段木砍伐接种当年的5 ～ 7月为病菌感染期，翌年的5 ～ 7月发病，秋天后病菌子实体干燥脱落、腐烂、死亡。在通风差、湿度大的条件下发生严重。段木表面温度较高时，病菌的生长期提早，并侵入段木较深的部位，病菌对香菇、木耳菌丝危害严重，局部发生量大时造成菇体减产，严重时绝收。

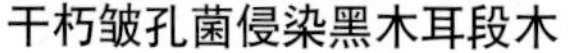
干朽皱孔菌侵染黑木耳段木

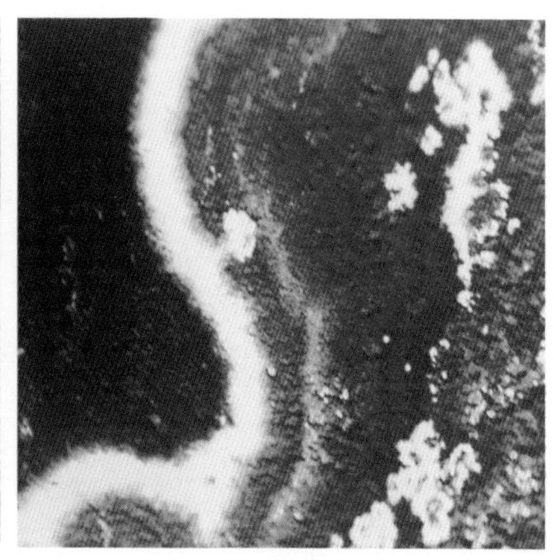

干朽皱孔菌

(2) 病原。病原菌为*Serpula lacrymana*（Wulf. Fr.）Schroet，属担子菌亚门层菌纲非褶菌目皱孔菌科。子实体平伏，宽可达10～20厘米或更大，新鲜时松软肉质，干后呈革质。子实层表面呈不连续的皱褶状，小颗粒状或平滑，个体之间有相当大的差异，子实体边缘薄、绢丝状，白色至淡奶油色，其后淡红紫色、黄褐色，最后深褐色。孢子浅锈色，卵圆形。

菌丝体生长发育的温度10～30℃，最适温27℃。通风差、湿度大的条件下发生严重。

(3) 防控方法。适期砍树，即树叶30%变黄到发芽前为砍树适期，因为这时树木含水量少，树皮和树干结合紧；气温低不利杂菌繁殖，害菌发生就较少。5～7月温度回升这种菌易感染菇木。因此，要严格对感染的菇木进行隔离。对害菌感染到段木内部和表面严重的应予烧毁。菇场的通风除湿对防治此菌也十分重要。

18. 采绒革盖菌

(1) 症状。采绒革盖菌又名云芝，多发生于香菇段木上，初期段木表面出现白色粒状菌丝，进一步扩大后形成扇形的子实体。香菇接菌后当年的6～8月份易发生此菌危害，翌年的5～7月大量发生，从梅雨到盛夏，通风差、温湿度高、蒸发量小的场地，发生这种杂菌较多。杂菌一旦侵入段木内，菌丝迅速生长，木材腐烂，段木被这种菌侵染后则不能生长。

采绒革盖菌

采绒革盖菌生长初期

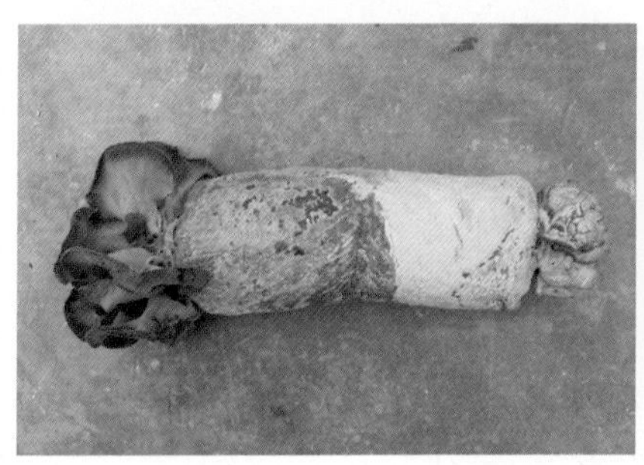

采绒革盖菌侵染毛木耳菌袋

（2）**病原**。病原菌为*Coriolus versicolor*（L. ex Fr. ）Querl.，属担子菌亚门多孔菌科革盖菌属。为半圆形—扇形，一端扇轴的地方着生在段木上，革质至木栓质，无柄，子实体长径1～10厘米，短径1～6厘米，厚1～2毫米，扇的表面有灰色、黄褐色、黑褐色的环纹，边缘薄，呈完整或波浪状。生有全部黑色或灰褐色白短毛，丝绒状，扇的下面有白色至灰色的沉淀物，有许多菌管，覆瓦状排列，孢子近腊肠形或圆筒形，无色，平滑。

孢子萌发和菌丝生长的最适温度28～30℃以上，此菌感染段木时需要高温高湿的条件。

（3）**防控方法**。菇场要选择在常有山风、谷风吹的山间平地，空气流动较好的地方。露地栽培香菇，要立树枝遮阴，段木四周要割草。林内栽培香菇，要割除林缘的小木和杂草，以利通风，这样就会大大的减轻危害。

19. 桦褶孔菌

（1）**症状**。桦褶孔菌是香菇段木上的杂菌。多生于槭、椴、桦、杨及阔叶树的枯干及段木上，偶尔也生于云杉等针叶树的枯木上，使木材白色腐朽。该菌侵入香菇段木后，菌丝生长迅速，并阻碍香菇菌丝生长，并与香菇菌丝争夺养分，使香菇减产。种菇的第一年，此菌的子实体发生很少，一般翌年夏天段木发生较多，与采绒革盖菌发生的环境条件相似。侵染段木是在当年夏天，通风差、高温高湿日光直射的环境下发生。菌丝生长的适温8 ~ 38℃，在高温高湿情况下易发生。

桦褶孔菌

（2）病原。病原菌为*Lenzites betulina*（L.）Fr.，属担子菌亚门层菌纲非褶菌目褶孔菌属。子实体菌盖革质或较硬，无柄，半圆形，覆瓦状，大小5 ~ 10厘米，厚0.5 ~ 1厘米，背面密生绢丝状绒毛，灰白色到浅褐色，有狭而密的环纹，干后呈土黄色或深肉桂色，菌肉白色至土黄色，菌褶白色。

（3）防控方法。参照采绒革盖菌防控方法。

20.红栓菌

（1）症状。红栓菌危害多种阔叶树木等，引起木材腐朽。被侵害处开始呈橙色，后期为白色腐朽。在香菇、木耳栽培的段木上，常出现此菌。

（2）病原。红栓菌[*Trametes cinnabarina*（Jacq.）Fr.]属担子菌亚门层菌纲非褶菌目多孔菌科栓菌属。子实体一般小，扁半球形、扁平、无柄，新鲜时肉质，干后变为木栓质。菌盖直径2 ~ 11厘米，厚0.5 ~ 1厘米，表面橙色至红色，后期稍褪色，变暗，无环纹，有细绒毛或无毛，稍有皱纹。菌肉橙色，有明显的环纹，遇氢氧化钾变黑色，管孔面

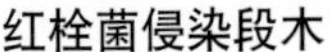

红栓菌侵染段木

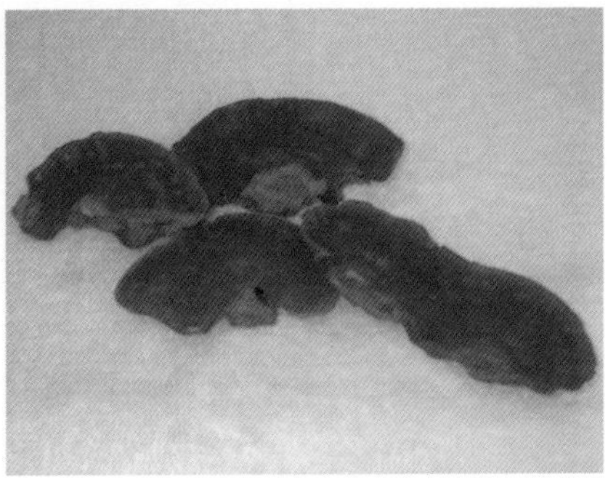

红栓菌子实体

红色，2～4个/毫米。此菌的主要特征是子实体从外到内都是鲜艳的橙色至红色。

（3）传播途径和发病条件。多见于第二年耳木上，5～9月间阳光直射的耳木也有发生。菌丝生长速度快，生长的温度范围在10～50℃，适宜的温度为35～40℃。

（4）防控方法。参照采绒革盖菌防控方法。

21.裂褶菌

（1）症状。裂褶菌是段木时常见的竞争性杂菌，春秋生于枯木及香菇段木上。裂褶菌菌丝生长比较快，树皮下段木腐朽的范围比子实体着生部位大得多。菌丝侵入的部位食用菌菌丝便不能生长，两种菌丝的交界处形成明显的带线。本菌腐朽部往往全部变成淡黑褐色。

裂褶菌子实体

（2）**病原**。裂褶菌（*Schizophyllum commune* Fr.）属担子菌亚门层菌纲伞菌目白蘑科裂褶菌属。菌盖1～3厘米，无柄，以菌盖的一侧或背面的一部分附着于基物上，扇形或圆形，有时掌状开裂，表面密生粗毛，白色至灰色或灰褐色；菌褶白色到灰白色，淡肉色或浅紫褐色。每片菌褶边缘纵裂为两半，近革质，干燥后收缩，吸水后回复原形；孢子圆柱形，4～6微米×1.5～2微米。

（3）**传播途径和发病条件**。菌丝生长温度10～42℃，28～35℃生长最适。段木受日光暴晒，温度升高，干燥，容易发生裂褶菌，所以本菌被称为干性害菌，是段木过干的指示菌。

（4）**防控方法**。对菇场实行处理防止段木暴晒，被本菌严重危害的段木应烧掉或进行隔离处理。

二、细菌

（1）**症状**。污染食用菌培养料的细菌种类很多，分有抗热（嗜热）性、中温性细菌和低温性细菌种类。细菌污染后培养料表现为水渍、湿斑、酸败、湿腐、黏液和腐烂等症状，闻之有酸臭味。

在高温季节，常发生于PDA培养基或谷粒及麦粒培养基上，由于嗜热细菌未被杀灭，接种后细菌快速繁殖，PDA培养基上出现湿斑，接着出现细菌菌浓或菌斑，菌种被细菌包围，菌丝无法生长；谷粒及麦粒被污染后，表现为充水、水渍，接着渗出黏液，并散发出腐烂性的臭味，致使菌种成批损失报废。熟料栽培的菌袋，常因营养高、水分足，

麦粒培养基被细菌污染

细菌污染平菇菌种

米饭培养基被细菌污染

接种或发菌期受中温性细菌污染，菌袋培养基局部出现湿斑，食用菌丝无法愈合，菌丝生长缓慢，出菇期延迟，产量下降；生物发酵的堆料，在低温和通气不良时堆制，堆温难以及时上升而造成细菌性发酵，至使培养料黏结，颜色变黑，并散发出酸臭味。细菌繁殖所产生的毒素强烈抑制菌丝萌发和生长，在生产中常因细菌污染导致大量的菌种和培养料报废。

培养料上的细菌菌膜

杏鲍菇菌袋细菌污染（右侧袋）

（2）病原。细菌属原核生物界，单细胞，细胞核无核膜，主要有球形、杆形和螺旋形3种基本形状。对食用菌危害较为常见的细菌种类有枯草杆菌黏液变种（*Bacillus subitilis* var. *mucoides*）、蜡状芽孢杆菌黏液变种（*Bacillus cereus* var. *mucoides*）、假单胞杆菌（*Pseudomonas* spp.）、黄单胞杆菌（*Xanthomonas* spp.）和欧文氏杆菌（*Erwinia* spp.）等。

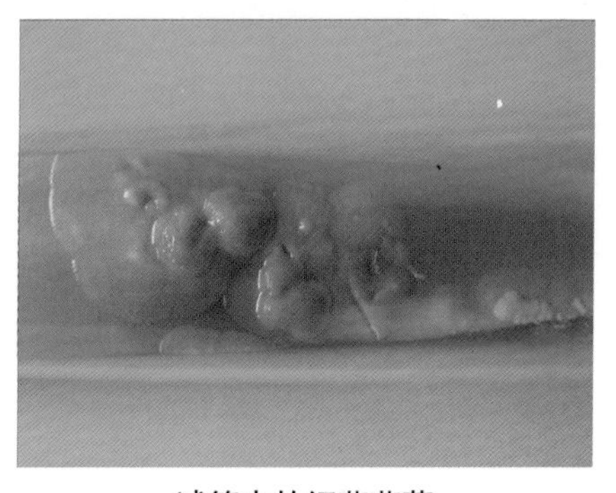

试管中的细菌菌落

（3）传播途径和发病条件。细菌广泛分布于自然界中，在食用菌培养机质、地表水、土壤和空气中都有其芽孢和菌体存在。芽孢较耐高温，常因高压灭菌不彻底或灭菌温度不够或灭菌时间不足，接种后细菌再次生长的现象。发菌期菇房卫生条件差，菇房通气不良，湿度偏大时都会引发细菌的污染。由于栽培者普遍表现出对细菌危害认识不足，对细菌污染防控不严，导致产量和质量受到严重损失。

（4）防控方法。

①培养基灭菌完全，彻底杀灭培养基中的一切生物。防止高压锅漏气或产生死角，规范灭菌程序。

②母种或原种必须纯种培养，不用带有杂菌的菌种转管。

③发菌室保持干燥通风，清空菇房后用40%二氯异氰尿酸钠1 000倍液冲洗菇房，并用高锰酸钾和福尔马林熏蒸，再通风晾干后使用。菇房在使用前，用移动式大功率臭氧消毒机处理菇房空气4 ~ 6小时，有效杀灭空气中所有微生物的孢子和菌丝体，菇房开窗通气4小时后开始使用。

④低温期培养料堆置发酵应放入塑料大棚内，利用阳光能升温和保温，在料中加入2%的石灰用以抑制发酵期间细菌繁殖。

三、酵母菌

（1）症状。一种引起食用菌淀粉类培养基变质的杂菌。酵母菌幼小菌落的特征是潮湿、黏滑。高温期制作母种时，操作不慎易被酵母菌污染，斜面上出现乳白色的具有皱褶的小菌团；生产蚕蛹虫草所用的米饭培养基易在高温时生产，极易受酵母菌侵染而报废；麦粒和谷粒菌种被酵母菌污染后引起酸败，菌丝生长稀弱或停止生长，导致菌种报废。

（2）病原。引起蘑菇菌种变质的酵母有红酵母（*Rhodotorula*

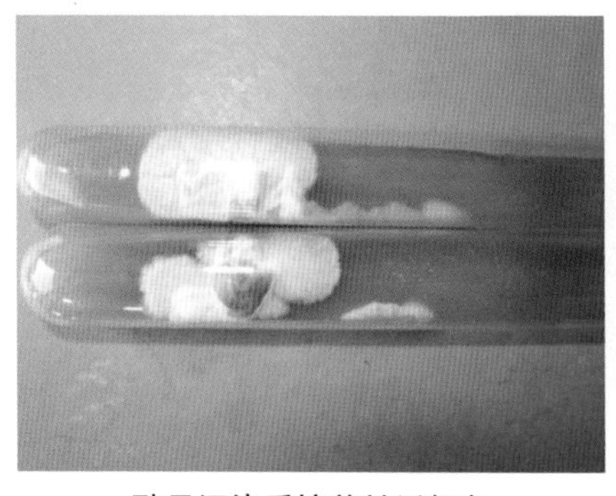

酵母污染后培养基泛红色

盐水池中酵母危害

rubra）、橙色红酵母（*Rhodotorula aurantica*）、黑酵母（又称出芽短梗霉）（*Aureobasidium pullulans*）。有时也可以找到酵母属（*Saccharomyces*）和假丝酵母属（*Candida*）的种。它广泛分布于土壤、水果、蔬菜、谷粒，甚至蘑菇子实体上。

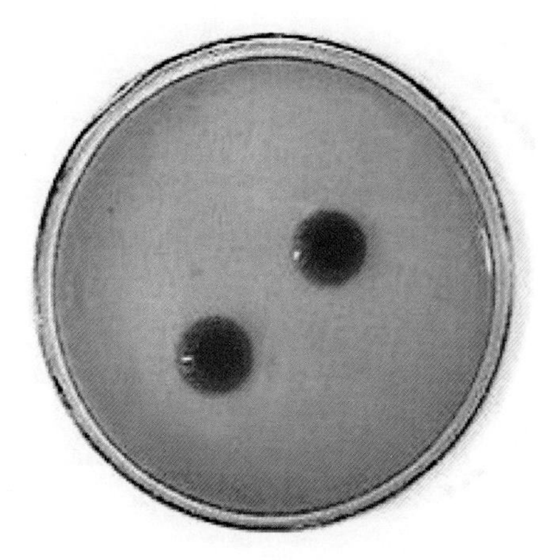

平板上的红酵母菌落

（3）防控方法。

①谷粒种在拌料前用5%石灰水浸泡2天，捞起冲洗后装瓶灭菌。

②菌种经高温高压灭菌、无菌接种、恒温发菌，减少酵母菌的侵染机会。

第二节　致病菌导致的病害

一、真菌病害

1. 蘑菇褐腐病

（1）症状。蘑菇褐腐病是蘑菇世界性病害，褐腐病又称为白腐病、湿腐病、湿泡病和有害疣孢霉病。蘑菇褐腐病侵染双孢蘑菇后，发病症状可分为4种：①当病原孢子数量大时，蘑菇菌丝形成菌索时即受侵染，在菇床表面形成一堆堆白色绒状物，即是褐腐病的菌丝和分生孢子，有时直径可达15厘米以上。绒状物由白色渐变为黄褐色，此时已产生厚垣孢子，表面渗出褐色水珠，最后在细菌的共同作用下腐烂，并有臭味产生；②子实体原基分化时被褐腐病菌侵染，原基致病后形成类似马勃状的组织块，初期白色，后变黄褐色，表面渗出水珠并腐烂；③子实体分化后被侵染，菇体表现为畸形，菇柄膨大，菇盖变小，菇体部分表面附有白色绒毛状菌丝，后变褐色，产生褐色液滴；④子实体生长后期被侵染，不表现畸形，仅在子实体表面出现白色绒毛状菌丝，后期变为褐色病斑。

有资料报道，褐腐病菌不仅侵害蘑菇，还侵害香菇、草菇、平菇、灵芝、银耳等食用菌。

疣孢霉侵染蘑菇菌索症状

蘑菇菌索和菇体被害状

轻度感病症状

蘑菇湿泡病症状

（2）病原。病原菌为有害疣孢霉（*Mycogone perniciosa* Magn），属半知菌亚门丝孢纲丝孢目丛梗孢科疣孢霉属。分生孢子梗短，呈轮状分技，顶端单生无色的分生孢子，8～40微米×3～8微米。无性孢子两种形态，一是薄壁分生孢子，二是双细胞的厚垣孢子。厚垣孢子单生，上细胞球形，壁厚有瘤，18～20微米×14～17微米，下细胞壁薄，无色，10～14微米×9～12微米。

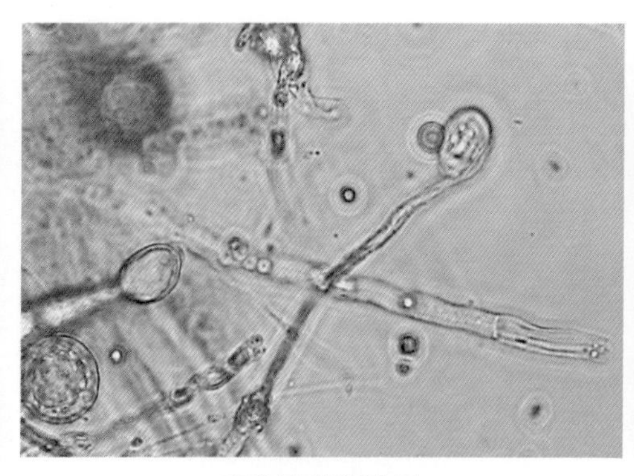

疣孢霉病菌孢子

疣孢霉菌丝体

（3）传播途径和发病条件。有害疣孢霉是一种土壤真菌，孢子可在土中存活几年，初侵染源来自于土壤。在15～32℃，孢子和菌丝萌发生长，在菇房内通过喷水、工具、害虫、人工操作等形式传播。菇房内通气不良、温度高、湿度大时，病菌极易暴发，低于10℃和高于32℃很少发病。在发酵过程中孢子经55℃ 4小时、经62℃ 2小时即死亡。蘑菇从病菌侵染到症状出现需要12天以上，生长中的蘑菇菌丝能刺激疣孢霉孢子萌发。在第一潮菇生长时发生病害，其病源往往来自覆土材料或旧菇床材料的带菌引发。而在长出几潮菇后发病，则可能由水和工具及昆虫等带菌传播引起发病。

（4）防控方法。

①菇房消毒。及时清除菇房废料，并彻底消毒后空置一段时间，不要等待进新料时再清理前季废料。有条件的菇房可通蒸气消毒，70～75℃持续4小时，而后通风干燥。菇床架材料宜用钢材和塑料等无机材料制成，经冲洗和消毒后，孢子不易生存。

②覆土消毒。选取不含有食用菌废料的土壤，可选取稻田20厘米

以下的中层土或河泥土，经太阳暴晒后使用。取用发病区土壤时需用杀菌剂处理。如用咪鲜胺或噻菌灵配成2 000倍液喷雾，边喷边翻土，后建堆盖膜闷5天后再使用。推广河泥砻糠覆土技术，可有效地降低土壤带菌机会。

③培养料病菌处理。在发病区栽培，培养料宜用杀菌剂拌料处理，如1 500 ~ 2 000倍液的40%噻菌灵或30%百·福。当菇床出现症状时要及时挖除病灶，撒上杀菌剂或石灰使其干燥，病区内不要浇水，防止孢子、菌丝随水流传播。

④出菇期发病时，在出菇间歇期或早春浇水时用药防治，可用咪鲜胺或噻菌灵配成2 000倍液喷雾于菇床面，间隔5天后再次用药，用药5天后开始采菇，菇体药剂残留限量，噻菌灵控制在40毫克/升以内，咪鲜胺控制在2毫克/升以内。

2.干泡病

（1）症状。干泡病又名轮枝霉病，主要危害双孢蘑菇，致使蘑菇各发育阶段发病。如在蘑菇未分化期感病，感病后幼菇形成一团小的、干瘪的灰白色干硬球状物，因此又称之为干泡病。此症状与湿泡病相比，其颜色偏深、体块较小、质地较干，无液滴、无臭味、不腐烂。在子实体分化后期感病，致使菇形不完整，菌盖小部分分化或菌柄畸形，菌盖歪斜，病菇上着生着一层细细的灰白色病菌菌丝。分化完全的菇体感病，菌盖顶部长出丘疹状的小凸起，或在菌盖表面上出现蓝灰色病斑。

（2）病原。干泡病原菌有真菌轮枝霉（*Verticillium fungicola* Preuss）、菌褶轮枝霉（*V. lamellicola* F.E.V.Sm.）和蘑菇轮枝霉（*V. psalliotae* Tresth.），属半知菌亚门丝孢纲丝孢目丛梗孢科轮枝霉属。营养菌丝匍匐，有隔，分枝，无色或淡色。分生孢子梗直立，有隔，分枝。顶生小分枝通常呈瓶状且顶部尖锐。分生孢子无色，单生在小梗上或簇生成头状，外面有一层水膜，球形、椭圆或卵圆形。

（3）传播途径和发病条件。干泡病的初侵染源来自于覆土材料，而分生孢子是再次侵染源。休眠的菌丝可以存活相当长的时间。轮枝菌的分生孢子包着极黏的黏液，正是这种黏液把孢子黏附到尘埃、蝇类、螨类和采菇者身上而传播，喷水也是散播病原菌和孢子的重要途径，水分带着孢子流淌到菇床和地面进一步传播。轮枝菌孢子

蘑菇干泡病症状

萌发的温度为15 ～ 30℃，发病的最适温度为20℃左右，在20℃时从感病到出现畸形症状大约为10天，而菌盖出现病斑只要3 ～ 4天。分生孢子寄生在双孢蘑菇子实体上，轻度感病表现为原基菌柄基部、上部和菌盖上出现褐色斑点或条痕。受害的菇柄常一侧弯曲，严重时呈畸形。

（4）防治方法。参照蘑菇褐腐病防控方法。

3.蘑菇褶霉病

（1）症状。褶霉病又名头孢霉病和菌盖斑点病，主要侵害蘑菇的菌褶。发病初期，菌褶颜色变黑，菌褶连接成一块，随后病症向菌柄和菌盖蔓延，后期在病灶处出现白色的病原菌菌丝体。患病后的菇体发僵，停止生长。近年来褶霉病在福建的漳州产菇区呈上升趋势，对产量和品质构成很大威胁。

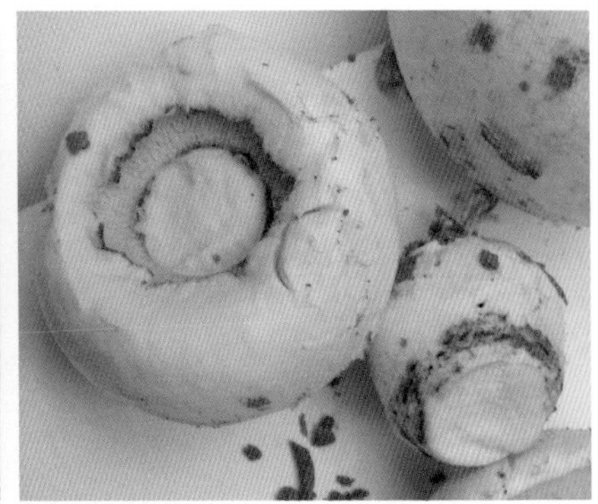

蘑菇褶霉病症状

（2）病原。褶霉病主要由病原菌褶头孢霉（*Cephalosporium lamellaecola* F.E. Smith.）和白扁丝霉[*C. album*（Preuss）W.gams]（又名褶生头孢霉），属半知菌亚门丛梗孢目丛梗孢科头孢霉属。两种病原都能寄生在香菇和蘑菇的菌褶上，致其发病。分生孢子梗从菌丝中生出，直立短小，不分枝，顶端生球形或卵形的分生孢子。分生孢子相继断脱，由所分泌的胶状物质黏结成小球形，无色，单细胞。

（3）传播途径和发病条件。初侵染源来自于土壤，菇房残留病原菌是再侵染源。在出菇温度（12 ~ 25℃）和湿度较大的菇房内容易发生褶霉病。病菌孢子又随水、空气、昆虫及人为的传播扩大发病范围及加重病害程度。

（4）防控方法。参照蘑菇褐腐病防控方法。

4.枝霉菌被病

（1）症状。覆土畦栽的鸡腿菇、滑仔菇和平菇等易被枝霉菌被病感染发病。初期在畦面上出现白色气生状的菌丝，菌丝生长旺盛，常在2 ~ 3天内布满畦面，受害的料面不再有新菇长出。病菌菌丝侵染菇体，菌丝沿着菇柄往菇盖蔓延，使菇体长满白色的病菌菌丝。受害菇体菌柄呈现水渍状软腐现象，严重时菇体倒伏或腐烂。

（2）病原。枝霉菌被病病原为葡萄枝孢霉（*Cladobotryum variospermun* Lik.）属半知菌亚门丝孢纲丛梗孢目丛梗孢科。分生孢子不易与分生孢子梗分离。病菌生存于有机质丰富的土壤和有机残体中，使用丰富营养的土壤作覆盖材料时极易发生此病。在温度

茶树菇受枝霉菌被菌侵染

杏鲍菇被枝霉菌被菌侵染

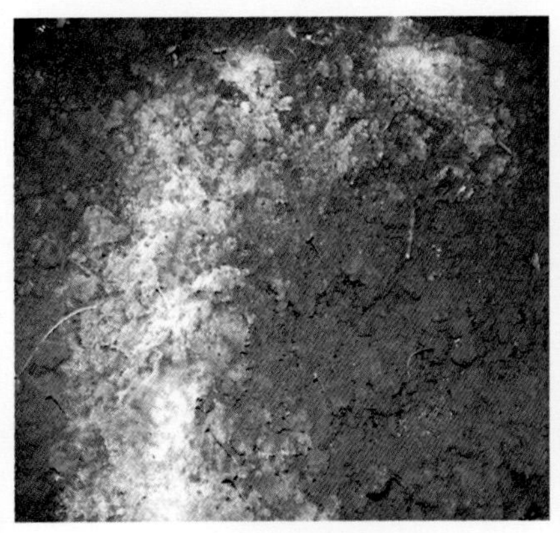

病菌在覆土层的形状

滑菇被枝霉菌被菌侵染

20 ～ 30℃，菇房湿度达到90%以上时容易发病。而床架立体式袋栽方式不易发病。

（3）防控方法。

①使用水稻田中下层土或山林土作覆土材料，可有效地减少病源。

②出菇期间，应降低覆土层湿度，加大菇房通风量。

③病害发生时用30%百·福1 000倍液喷洒病区，并使之干燥几天，待病症消失后，再浇水促菇。

5.指孢霉软腐病

（1）症状。指孢霉软腐病又名蘑菇软腐病和树状轮枝孢霉病，病菌侵染蘑菇、平菇和鸡腿菇等覆土类食用菌。菌床发病初期，料面或覆土层上会长出一厚层白色绵状菌丝，在温度湿度条件适宜时，常将菌床覆盖形成棉絮状菌被，易被误认为是平菇菌丝。菌床感病严重时，受害部位平菇等原基不能形成或受到抑制，并进一步侵害正在生长的子实体；子实体发病时，先从菌柄基部开始，逐渐向上传染，并呈现淡褐色软腐症状；受害严重后，菌柄及菌褶处长满白色病原菌丝，或病菇连同其着生的菌床部位，均被病原菌丝呈蛛网状包围覆盖，最终造成病菇全体呈淡褐色软腐状；病原菌丝后期变成淡红色，发病中心部位有紫红色色素产生。平菇感染此病后，子实体一般不发生畸形，也不散发臭味，但手触病菇即倒；发病较轻尚未出现软腐症状的病菇，其生长发育受阻，外观呈污黄白色，无生气，与正常健康菇有明显区别。

指孢霉菌丝

指孢霉侵染蘑菇子实体

（2）病原。病原菌为指孢霉（*Dactylium dendroides* Fries），属半知菌亚门丝孢纲丛梗孢科。病原菌丝白色，气生菌丝生长旺盛致密，棉絮状；分生孢子梗从气生菌丝上直接长出，细长，稀疏；分生孢子小梗呈轮状分枝，顶端尖细，其上单生或簇生1～3个分生孢子；分生孢子无色或呈淡黄色，长卵形或梨形，大小为5～20微米。

（3）传播途径和发病条件。病原菌是一种弱寄生的土壤真菌，喜酸性、潮湿和有机质多的环境，肥沃的苗床、菜园土以及表层土壤存在最多。病原菌可随培养料或土壤直接侵入菌床，分生孢子可随气流、昆虫、病菇和水溅传播扩散。病原菌分生孢子在20℃时萌发率最高，25～30℃时对萌发不利，遇高温（60～70℃）易死亡。病原菌丝生长适温为25℃，最适pH为3.4（生长范围为pH2.2～8.0）。分生孢子萌发和菌丝生长最适于饱和的湿度。平菇菌床直接与带菌的土壤接触，或采用露地阳畦、室外塑料大棚和日光温室作菇场，或在中温高湿的人防工室内栽培时，该病容易发生。

（4）防控方法。

①直接与菌床接触的地面、土壤，在使用时必须做好消毒处理。

②长菇阶段的菌床，要采用干湿交替的水分管理，并保持良好的通风换气环境。转潮期间，除做好床面清理外，还应定期用1%～2%石灰清液喷洒，以防菌床酸化过重。

③该病一旦发生，要暂停喷水，立即通风降湿，并摘去病菇，扒除病原菌被，污染的覆土应清出或更换。

6.青霉病

（1）症状。青霉病是寄生于子实体上的一种病害。幼菇发病时常从顶向下呈黄褐色枯萎状，生长停止，表面长出绿色粉状霉层。病菌初期侵染生长瘦弱的幼菇，发病后再侵染邻近生长正常的子实体，引起菇体从菌柄基部发生黄褐色腐烂症状，并由基部向上发展，在环境条件差，菇体抗性下降时，菇体易受青霉菌侵染出现病害。

蘑菇受青霉菌侵染

（2）病原。病原菌为青霉菌（*Penicillium* spp.），属半知菌亚门丝孢纲丛梗孢目丛梗孢科。菌丝白色、绒状，分生孢子梗从菌丝上长出，直立、具叉状对称分枝，呈扫帚状，小梗顶端的分生孢子链状生长；分生孢子单细胞，无色，近圆形，直径2.4～4微米，分生孢子成形后，菌落呈蓝绿色粉状。

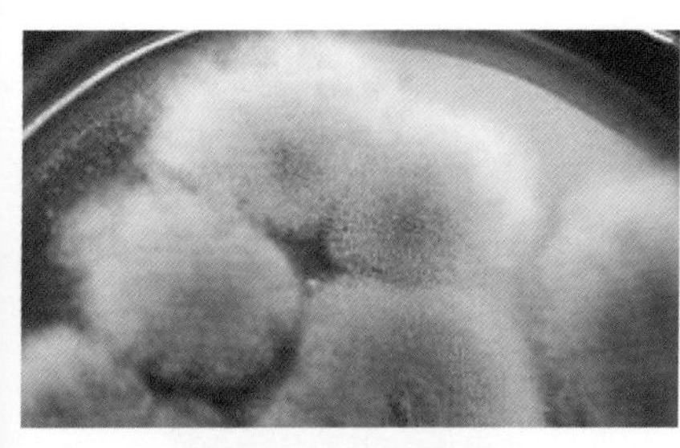

培养皿中的青霉菌丝

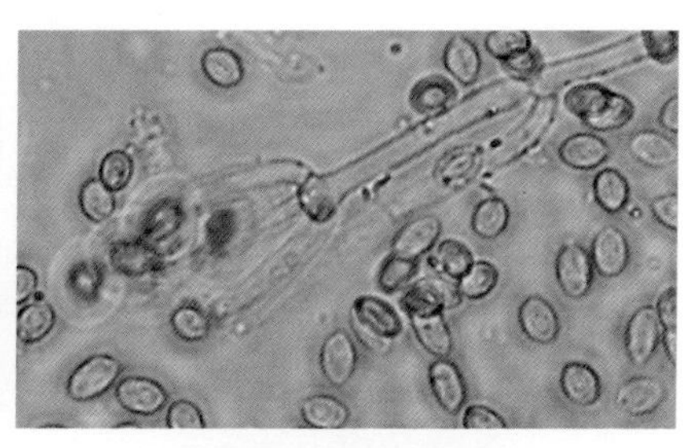

青霉菌菌丝和分生孢子

(3)传播途径和发病条件。培养料过酸(pH4)、含水量不足、空气相对湿度过低(50%)以及菇蕾丛生密度过大,而水分、养分供应不上及幼菇生长瘦弱的情况下,或残留的菇根未及时清除时,易受此菌侵染而发病。

(4)防控方法。

①安排好栽培季节,防止极端温度对菌丝体的伤害,引发病菌侵染危害。

②发现病菇、弱幼菇及时清除,集中处理,预防病菌扩散、蔓延,危害健康子实体。

③菇床上发生青霉病菌后应停止浇水促菇,使菇床适当干燥,抑制病害蔓延,等待温度适宜时再浇水催菇。

7.木霉病

(1)症状。绿色木霉是侵害食用菌菌丝体和子实体的病原菌。一些抗性较弱和发菌速度较缓慢的食用菌品种易被绿霉侵染,如高温期的蘑菇、香菇、木耳和平菇等品种在发菌后期和出菇期,受不良环境的影响,抗病性下降,极易被木霉侵染。木霉菌丝分泌的毒素能抑制食用菌菌丝生长,使菌丝萎缩,泛黄、呈水渍状并溶化消失。当菇体被木霉侵染后,在侵入点出现浅褐色的水渍状病斑,随病情扩展病斑向周边扩大,快速蔓延至整个菇体,菇体被病菌菌丝包裹,并布满绿色孢子层,菇体萎缩腐烂。

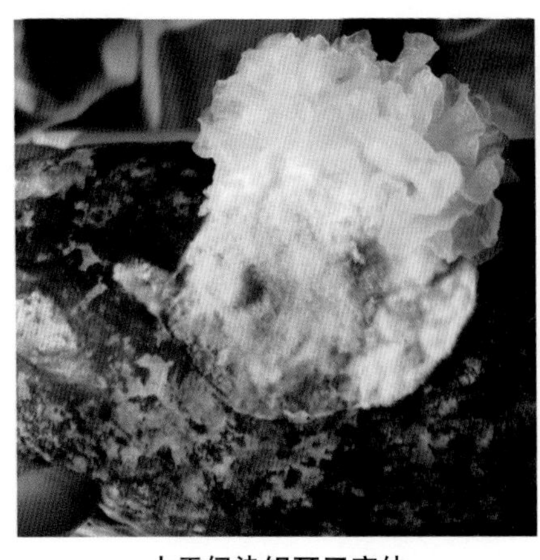

木霉侵染银耳子实体

木霉侵染黑木耳子实体

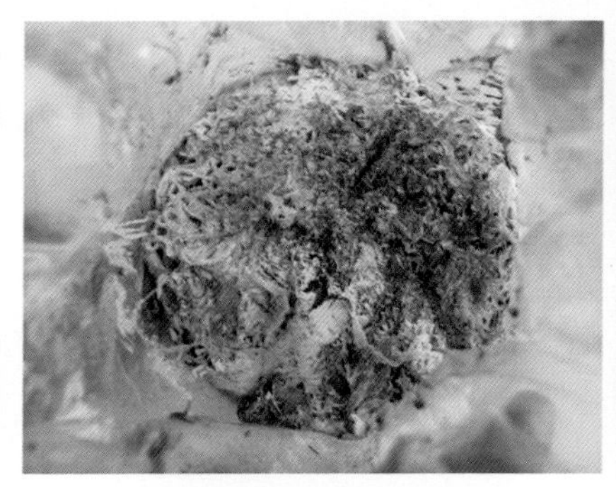

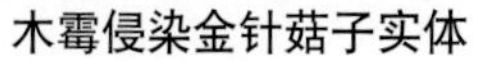

木霉侵染金针菇子实体

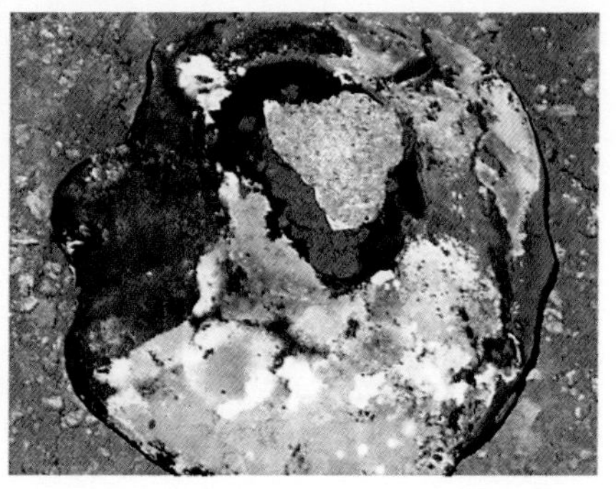

木霉侵染灵芝子实体

（2）病原。绿色木霉又称绿霉。常见的种类有绿色木霉（*Trichoderma viride* Pers. ex Fr.）和康氏木霉（*T. kaningii* Oudem）。木霉隶属于半知菌亚门丝孢纲丝孢目丛梗孢科木霉属。木霉菌落开始时为白色，致密，圆形，向四周扩展，菌落中央产生绿色孢子，最后整个菌落全部变成深绿或蓝绿色。菌丝白色，透明有隔，纤细，宽度为1.5 ~ 2.4微米。分生孢子梗直径2.5 ~ 3.5微米，尖端着生分生孢子团，含孢子4 ~ 12个；分生孢子无色，球形至卵形。康氏木霉分生孢子呈椭圆形或卵圆形，个别短柱状，菌落外观浅绿、黄绿或绿色。

（3）传播途径和发病条件。木霉菌丝体和分生孢子广泛分布于自然界中，通过气流、水滴侵入寄主。通常菌落扩展很快，特别在高温高湿条件下几天内木霉菌落可遍布整个料面。木霉菌丝生长温度4 ~ 42℃，25 ~ 30℃生长最快，孢子萌发温度10 ~ 35℃，15 ~ 30℃萌发率最高，高湿环境对菌丝生长和萌发有利。在基质内水分达到65%和空气湿度70%以上，孢子能快速萌发和生长，孢子萌发要求相对湿度95%以上，但在干燥环境也能形成；菌丝生长pH为3.5 ~ 5.8，在pH4 ~ 5条件下生长最快；菌丝较耐二氧化碳，在通风不良的菇房内，菌丝能大量繁殖快速地侵染培养基、菌丝和菇体。木霉菌丝能快速分解富含淀粉、纤维素和木质素的有机残体，并能寄生于生活力较差的食用菌菌丝和菇体上。

栽培多年的老菇房、带菌的工具和场所是主要的初侵染源，已发病所产生的分生孢子，可以多次重复侵染，在高温高湿条件下，重复侵染更为频繁。

（4）防控方法。

1）保持菌种的纯净度和生命力。具有纯净和适龄的菌种和具旺盛活力的菌种是减少杂菌源和降低木霉侵染的基础保证。

2）确保菌袋正常发菌。在人工调温的接种室内，降低因高温伤害菌丝，提高菌种成活率和发菌速度；22 ～ 25℃发菌可有效降低由温差引起的空气流通而带入杂菌。

3）出菇期干湿交替，保持通风。适当降低空气湿度、减少浇水次数，防止菇棒长期在湿度大和不通风的环境下出菇，水分管理上应干湿交替，菌棒要在较低的湿度环境下养菌，在菇体转潮期不应天天浇水，保持一定干燥程度。

4）保持出菇场所清洁卫生。采菇后及时摘除残菇、断根和病菇，及时清除染病菇棒。

5）做好菇房和覆土材料的消毒处理。

①菇房在废菇棒清除后和使用前都要进行消毒处理，菇房地面消毒可用50%咪鲜胺锰盐或用30%百·福（菇丰）配制500倍液进行地面清洗，也可用高锰酸钾和甲醛混合后产生的气雾熏蒸菇房空间，杀灭空气中的木霉菌丝残体和孢子。在菇房使用前一天再次进行空气消毒，用移动式大功率臭氧消毒机处理菇房空气4 ～ 6小时，有效杀灭空气中所有微生物的孢子和菌丝体，菇房开窗通气4小时后开始使用。

②覆土材料可用50%咪鲜胺锰盐或用30%百·福（菇丰）配制药1 500倍液进行拌料处理，再闷堆5天使用，覆土材料经药剂处理后可有效地杀灭土中木霉菌，降低发菌期的发病率，同时经过20天以上的作用，药性已分解，可有效地降低出菇期菇体农药残留量。经试验得出：经30%百·福（菇丰）1 500倍液处理的培养料或覆土料长出的子实体经药剂量残留检测，均无药剂残留测出，说明该药用在覆土或栽培基质的预处理环节上是安全的。

③在出菇期菇床或菇袋及子实体上出现木霉侵染时，出菇间歇期宜选择用低毒的和安全性药剂防治，可用40%二氯异氰尿酸钠防治，将制剂稀释1 000倍后喷雾于料面上，间隔3 ～ 5天再次用药防治，能较好地控制木霉菌丝侵染和繁殖。

8.毛木耳黑头病（疣疤病）

（1）症状。毛木耳油疤病症状主要出现在毛木耳菌丝生长期，可以在菌丝生长过程中侵染，也可以在菌丝长满菌袋后侵染。主要表现为在毛木耳菌袋上形成疤痕状深褐色不规则的斑块，斑块外围颜色深，质地硬实，表面有滑腻感，具光泽。在病斑与毛木耳菌丝交界处具红褐色拮抗线，边缘不整齐。病斑可不断地向健康菌丝蔓延，直至整个菌袋。若在菌丝生长顶端感染了油疤病菌，则在感染点及以下培养料部位，毛木耳菌丝均不能生长；若在已经长出菌丝的部位侵染，则已长出的菌丝会被逐渐侵蚀消解。严重时菌斑可以吞噬掉整个菌袋，造成严重减产。病害蔓延迅速，可在短期内扩展至整个棚架，传染性极强。

毛木耳黑头病症状

（2）病原。病原菌初步鉴定为子囊菌类柱状链孢霉（*Scytalidium lignicola*），但仅观察到无性时期，未观察到有性时期。菌落较平展，黑褐色，菌丝体光滑，气生菌丝较发达，其表面后期呈蜂窝状，菌丝灰白，纤细，后期产生串生的分生孢子，褐色，壁较厚。

（3）传播途径和发病条件。培养料中自带病菌是毛木耳疣疤病发生的一个主要来源。菌袋中毛木耳菌丝体任何部位都有可能感染疣疤病菌，说明菌袋破损或穿孔是病菌感染的重要途径。采摘第一潮耳片后，袋口成为病菌侵染的又一途径，随着采摘次数的增加，病原菌侵染发生的概率提高。疣疤病广泛存在于棚室覆盖物、层架、土壤、植物残体或各种食用菌栽培废弃袋中。气温高于30℃时，病菌菌丝几乎不生长，但产生较多的分生孢子。高温可以加速病菌的繁殖，浇水或喷水会促进病原菌的传播扩散。气温在24℃以上时，随着温度升高，病原菌繁殖加快，病斑数量急剧增加。栽培棚内喷水过勤过大，易造成病原菌的扩散。

(4) 防治方法。

①减少菌袋在装袋、灭菌、搬运过程中的破损，对栽培袋、培养料等进行彻底灭菌，防止培养料带菌。

②改进喷水方式，淋灌或浇灌改为雾状喷灌，保持通风良好，尽量使菇棚处于干湿交替的状态。

栽培棚架在休棚时，应去掉覆盖物，在阳光下暴晒，并在棚内地面撒生石灰进行消毒。

保持棚架周围环境清洁，及时清理废弃栽培袋，减少环境污染。早期发现感染菌袋，应及时将病斑及周围培养料挖出，涂抹石灰，防治感染。

9.水霉菌被菌病

(1) 症状。在覆土栽培的食用菌出菇过程中，高温高湿状况下容易发生此病。发病初期，菇床料面上出现白色稀疏丝网状的菌丝体，条件适宜时，菌丝生长迅速，形成一层厚实且具韧性的菌被，菌被有明显的丝织物感觉，不易撕开扯断，菌被覆盖下的菇体生长受抑制、严重者菇体腐烂死亡。培养料受侵染后，呈水湿状，并变黑腐烂。中高温型品种，如鸡腿菇、姬松茸、茶树菇、球盖菇等易受水霉菌被菌侵染发病。

(2) 病原。病原为水绵霉（*Isoachlya* sp.），属鞭毛菌亚门卵菌纲水霉目水霉科。菌丝生于基物内，分枝多而较细，生于基物表面的分枝少而粗大。无性生殖在菌丝顶端生棍形的游动孢子囊；初生游动孢子有鞭毛两根，从孔口游出，充分表现出两游现象；新孢子囊可从旧孢子囊的基部形成。有性世代产生藏卵器和雄器，藏卵器生有卵球数个，分别受孕而形成卵孢子，卵孢子萌发生孢子囊。

水霉菌被菌病侵染子实体

（3）**传播途径和发病条件。**病源来自于土壤和水源，在高温高湿的菇棚内，覆土层上易发病。用营养丰富的菜园土作为覆土材料和不流动的塘水浇菇较易发病。

（4）**防控方法。**

①覆土材料宜用山地土或水田土，经暴晒后使用。

②用清洁水拌料和浇菇。

③发病初期用40%咪鲜胺或30%百·福1 000倍液喷雾，间隔5天喷2次后能有效地控制病情。

二、细菌病害

在食用菌栽培过程中，细菌可污染培养料，使之变质、发臭、腐烂。有些细菌还会寄生于食用菌子实体，引起寄生性病害，致使减产或绝收。细菌致病的特点是在子实体上形成菌脓、腐烂、死亡。

1. 菇体腐烂病

（1）**症状。**食用菌子实体长期受假单胞杆菌侵染后出现的腐烂现象。发病初期，在菌盖或菌柄上出现淡黄色水渍状斑点，在高温高湿的条件下，病斑扩展迅速，引起菌盖或菌柄呈淡黄色水渍状腐烂，并散发出难闻的臭味。近年来在金针菇、鸡腿菇、杏孢菇、滑菇、秀珍菇、平菇和蘑菇等多种菇体生长过程中，都易出现细菌性腐烂症状。

细菌侵染杏鲍菇子实体

细菌侵染金针菇子实体

细菌侵染毛木耳子实体

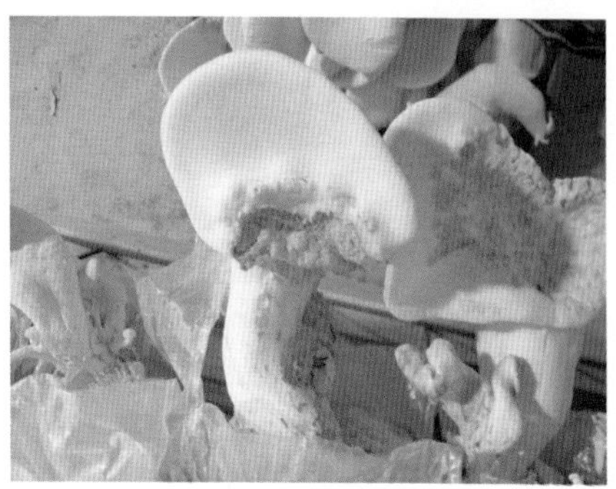

细菌侵染白灵菇子实体

（2）**病原**。病原菌为荧光假单胞杆菌或假单胞杆菌（*Pseudomonas* sp.），菌落乳白色、圆形，表面光滑、黏性，具有荧光反应。

（3）**传播途径和发病条件**。病原菌广泛存在于有机质、不洁净的水源和土壤中，当浇菇时使用了不洁净的水，病菌大量繁殖，导致子实体发病，若菌袋口长期积水，原基受淹，易引发腐烂病。菇房内高温高湿也是发病的主要条件。

（4）**防控方法**。

①使用洁净水拌料，控制发菌期培养料水分。

②出菇期适当降低菇房空气湿度，加强通风，浇水时防止菌袋和菇盖积水。

③选用季节性品种，适温发菌，适温出菇。

④发病时，菇床停止浇水，加强通风，并在菇床和菌袋上喷施500倍液农用链霉素，能有效地减轻病害症状。

2. 平菇黄斑病

（1）症状。平菇黄斑病又名黄菇病，由假单胞杆菌引起的一种平菇病害。初期在菇盖边缘出现零星的黄色小斑点，斑点不断扩大使整朵菇黄化，病菇上分泌黄色水滴同时停止生长，严重时整丛菇发病。病菇呈水渍状，稍有黏糊状菌脓但不腐烂。黑色平菇和秀珍菇较易感染黄斑病，发病后菇体色差明显，品质下降，失去商品性。

平菇黄斑病症状

（2）病原。病原为假单胞杆菌（*Pseudomonas agarici*）。在春秋季大棚内菌袋排放量大、温度高、湿度大、通气不良时，黄斑病容易发生和流行，严重时多潮菇都发病。生料栽培比熟料栽培子实体更易发病且病情严重。菇棚温度低于20℃、湿度80%以下

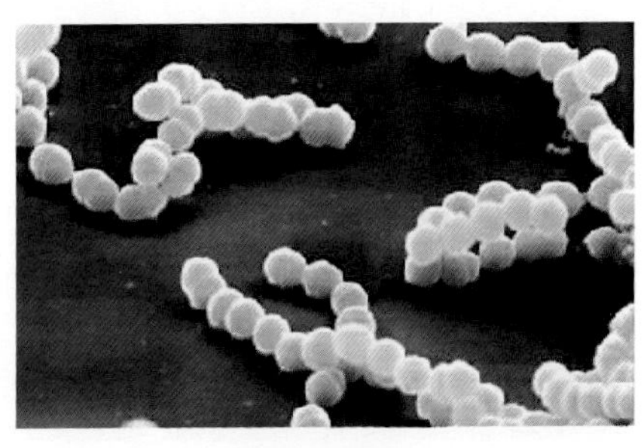

假单胞杆菌

不易发病。

（3）防治方法。

①选用抗黄斑病品种，在适宜的季节栽培。

②菇房菌袋排放量不应密集堆垛，袋层间要有间隔，每袋之间也要有空隙，利于气体交换不易产生热量和积累过高的二氧化碳。棚顶要装排风扇，降低菇棚空气湿度。

③注意浇水方式，浇水后及时开门通风，待菇盖上的积水吸收或晾干后才能关门。

④发病后及时摘除病菇，停止浇水，加强通风，在棚内喷雾40%二氯异氰尿酸钠和链霉素500倍液，间隔5天后再次施用，地面喷施3%的石灰水可有效地控制病害蔓延。

3.蘑菇干腐病

（1）症状。干腐病是引起蘑菇干枯死亡的一种病菌。发病时子实体正常分化，但长出2天后生长停止，菇体颜色暗淡失去光泽，菇盖皱缩，菇柄伸长，病状严重时菇盖歪斜，菇体干枯，逐渐萎缩死亡。病菇菌盖与菌柄接触处有一个明显的暗褐色病斑，将菌柄纵向撕开也可发现有一条暗褐色的变色组织。菇盖硬而脆，刀切菇体有砂粒状感觉。发病菇床上菌丝蔓延于土面，菌丝粗糙成索状，病菇随带病菌丝蔓延而发病。

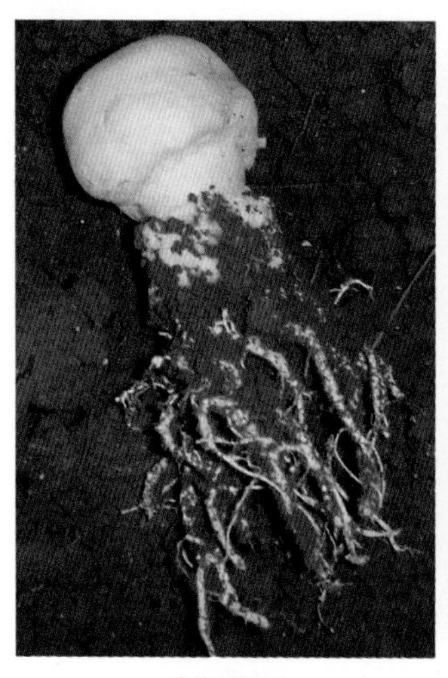

病菇根系

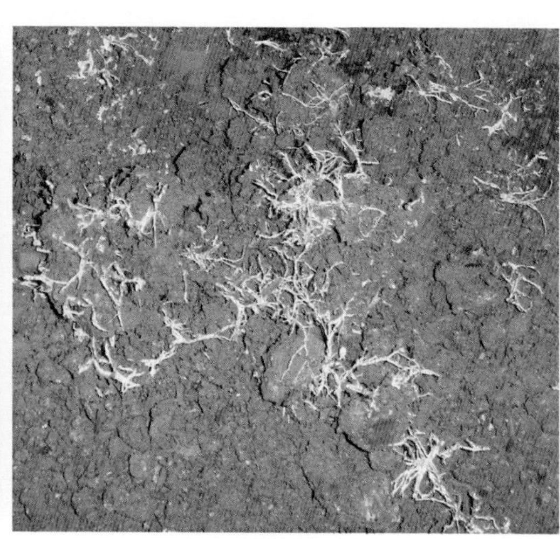

蘑菇菇床上的菌丝

菇柄中心病灶

菇盖中心病灶

（2）病原。病原为假单胞杆菌（*Pseudomonas* sp.），菌体杆状，两端钝圆，端生鞭毛。菌落圆形白色。病原顺着蘑菇菌丝传播，病状蔓延速度每天约0.6米。干腐病在江苏苏北和山东等地地表栽培的蘑菇出菇期容易发病。

（3）防治方法。

①选择地势较高、排灌水方便的场地，土质疏松的沙壤土适于栽培。

②在病区宜用层架栽培，切断病菌传播途径，使用清洁的地下水浇菇。

③发病后及时摘除病菇，挖深沟隔离病区，停止浇水，在棚内喷雾40%二氯异氰尿酸钠和链霉素500倍液，间隔5天后再次施用，地面喷施3%的石灰水可有效地控制病害蔓延。

4. 金针菇褐斑病

（1）症状。金针菇褐斑病又名黑斑病和斑点病，是引发金针菇菌盖表面产生褐色斑点的病害。发病初期菌盖上出现零星的针状小斑点，随着菇盖长大，病斑随之扩大，色泽加深，严重时菌柄也出现斑点，菌褶很少受到感染。病斑处水渍状，稍许臭味。白色菇种更易感病，严重时整丛菇体感病，失去商品性而报废。

（2）病原。病原菌为托兰斯假单胞杆菌（*Pseudomonas rolasii*）和假单胞杆菌（*Pseudomonas* sp.）。初秋高温期制袋的金针菇在出第一潮菇时就发生了褐斑病，在春季第三潮菇上也易发病。黄色金针菇在出

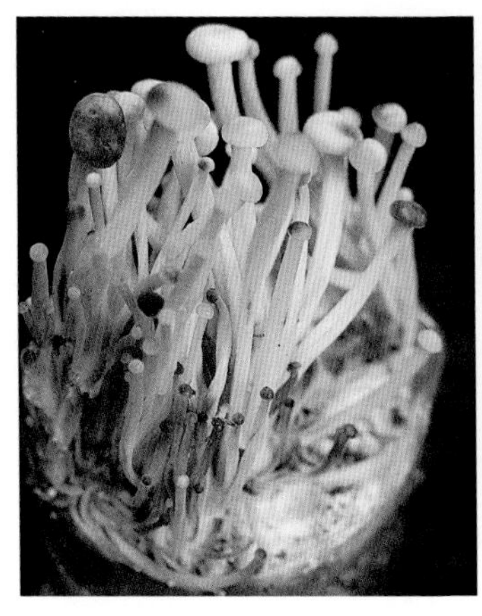

金针菇褐斑病

菇温度14℃以上发病较快，工厂化栽培中袋栽菇在排袋多、通气性差、二氧化碳含量较高的菇房内发病严重。

（3）防治方法。

①在温度低于28℃以下时开始生产出菇袋，以减少发菌期病菌侵染和出菇期的病害。

②工厂化的出菇房，出菇期温度控制在6～8℃，定期换风，二氧化碳含量控制在7 000毫克/升，能有效减少病害的发生。

③加强菇房消毒处理，空菇房可通入70℃蒸汽消毒2个小时，并用高锰酸钾和福尔马林熏蒸5个小时以上。发病严重的菇房应晾干后空置一段时间再使用。

三、黏菌

（1）症状。黏菌是引起夏季高温性食用菌畸形或腐烂的一种病害。近年来夏秋季生长的平菇、灵芝、四孢蘑菇、巴西蘑菇、竹荪、草菇、香菇、毛木耳和茶树菇等品种常被黏菌侵染危害，覆土栽培的比袋栽的发生普遍且更加严重。发病初期在覆土层面上出现黏糊稀疏的网状菌丝，其菌丝会变形运动，扩展迅速，在1～2天内蔓延成片；菌丝爬向菇体，将菇体包裹，严重的致菇体软腐死亡，病情较轻的致菇体畸形，并在菇体上产生黏菌的褐色子囊。黏菌从耳片边缘侵入子实体。其原生质体迅速在耳片上蔓延，形成网状菌脉，耳片表面产生一层胶状黏质物，最后耳片解体、腐烂，呈黏液状。黏菌能在菌袋上蔓延并很快侵入袋内培养料中，培养料被害后出现腐烂和不出菇症状。

黏菌菌落颜色有白色、黄白色、橘黄色和灰黑色等色彩；其形状有网络状、发网状等。菌丝消失后则出现黄褐色或深褐色的孢囊果子实体。

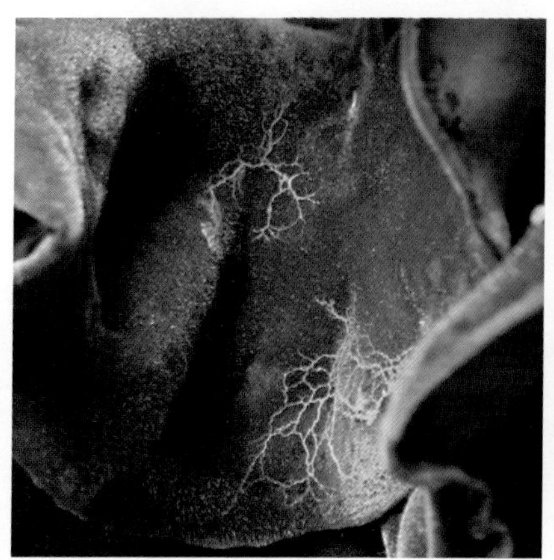

黄色网状黏菌

灰黑色发网状黏菌

珊瑚状黏菌白色原生质团

(2) 病原。病原菌为黏菌，属真菌界黏菌门黏菌纲绒泡菌目绒泡菌科。黏菌的营养体是一团多核的没有细胞壁的原生质团，繁殖体形成有细胞壁的孢子。危害食用菌的黏菌类群主要是发网菌属（*Stemonitis*）、绒

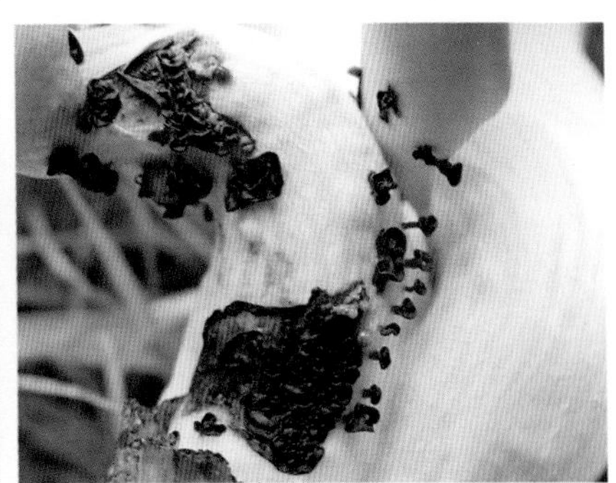

黏菌孢子囊

泡菌属（*Physarum*）、煤绒菌属（*Fuligo*）和彩囊钙丝菌（*Badhamia utricularis*）。常见的发网菌其孢子囊为分散的小丛，圆柱形，有柄，高4.5 ~ 9毫米，深肝褐色；柄黑色，长0.8 ~ 2毫米；孢丝深褐色，形成表面网。孢子在15 ~ 25℃萌发，15 ~ 25℃形成原生质团，20 ~ 30℃形成孢囊。直径6 ~ 8微米。

(3) 传播途径和发病条件。营养丰富的有机质是黏菌发生的基础，高温高湿的环境是黏菌快速繁殖的条件。当温度在15 ~ 30℃，菇房湿度85%以上，覆土面积水的情况下，黏菌生长迅速并很快形成孢子。孢子随水、空气和昆虫等传播进行再次侵染危害。在老菇房和出菇期较长的品种上较易发生黏菌危害。

(4) 防控方法。

①在老病区要做好环境卫生，清除栽培废料，并掀掉塑料膜进行晒棚，利用阳光中的紫外线杀菌，可有效减少次年黏菌发病率。

②发病后菇床停止浇水，挖除病区培养料撒上石灰使其干燥，喷洒500倍液高锰酸钾溶液和农用链霉素，经3 ~ 5天后再次用药，连续用

药3次以上才能有效地控制黏菌的蔓延。

③菇房适当增强光照强度，降低温湿度，保持通风状态也能抑制黏菌的生长。

四、病毒

真菌病毒mycovirus在食用菌的细胞内广泛存在。具有致病性的病毒但浓度较低时，菇体不出现病状，而当病毒浓度达到一定程度时菇体和菌丝才出现一系列的病变。目前受病毒侵害并表现出症状的有蘑菇、香菇和平菇等食用菌品种。

1. 蘑菇病毒病

（1）症状。 病毒引起蘑菇的病害又名勒法郎士病、褐色病、X病、菇脚渗水病和顶菇病等。双孢蘑菇感染病毒后，孢子发育变态，孢子下陷，由正常的瓜子形变成弯月形。菌丝生长稀疏，PDA培养上表现为淡薄，不易长满斜面。在培养料内菌丝表现为吃料慢，菌丝稀疏发黄，发菌不均匀，覆土层内菌丝稀少，菇床面上出菇不均匀，严重时菌丝腐烂，菇床上形成一个无菇区。菌柄细长弯曲或菌柄膨大，菌柄上出现水渍状条纹或褐色斑点。子实体明显变小，有的畸形，菌盖小且提早开伞，病菇呈灰白色或浅棕色，菇体重量减轻。发病轻时，无明显症状，但产量下降。

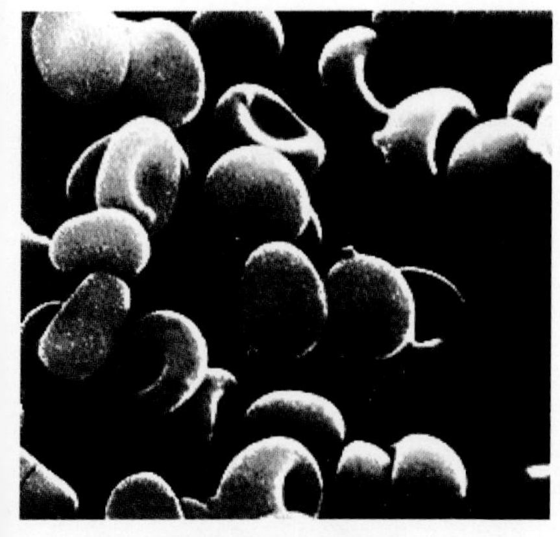

带病毒蘑菇担孢子

蘑菇病毒病

（黄年来提供）

（2）病原。菇床上第一潮发病主要是菌种带毒引发而来。蘑菇病毒病可以通过健康菌丝与带病毒菌丝的融合及担孢子传播。蘑菇细胞内可有一种或几种病毒粒子共存，目前已分离出的蘑菇病毒有：MV1，直径25纳米，球状；MV3，19.50纳米，杆状；MV4，直径35纳米，球状；MV5，直径50纳米，球状；MV6，17.35纳米，棒状。

（3）防控方法。

①选用无病毒的菌种、应向有资质的企业和科研单位引种。

②严格消毒接种工具，接种室用过氧乙酸熏蒸能有效地杀死病毒孢子。

③发生病菇的菇房要严格消毒，可通入70℃温度熏蒸2小时以上，空闲一段时间后再使用。

④及时治病防虫，减少病毒传播途径。

2.香菇病毒病

（1）症状。香菇病毒颗粒非常普遍地存在于子实体中。在未发病的情况下，带病毒的菌丝在生长速度或在是子实体的产量上均没有什么差异。但若发病后菌丝在PDA上表现为菌落发黄，菌丝只在种块上向上伸长，难以在培养基上吃料，发菌速度慢，且稀疏。在栽培袋上则产生退菌斑，即菌丝尚未发到底时，上面的菌丝已开始消退，产生一块块的秃斑，开袋后，菌棒表现气生菌丝少，难以转色。出菇期症状则表现为菌柄肥大，菌盖球形。或是菇体细小而薄，提早开伞。

带病毒菌棒不能正常转色

带病毒菌棒局部退菌

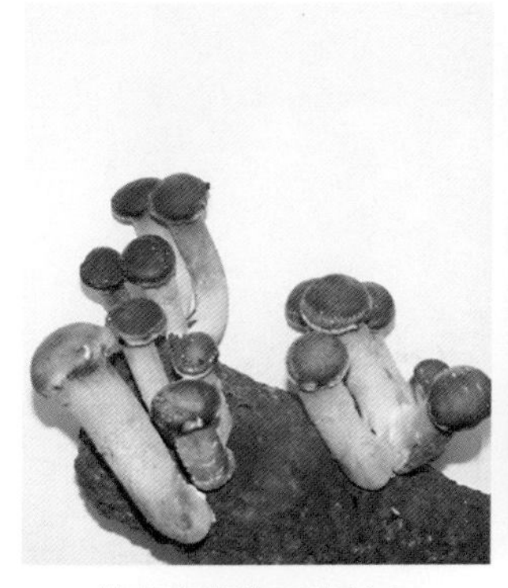

带病毒菌棒正常转色但出菇畸形

香菇杆形病毒

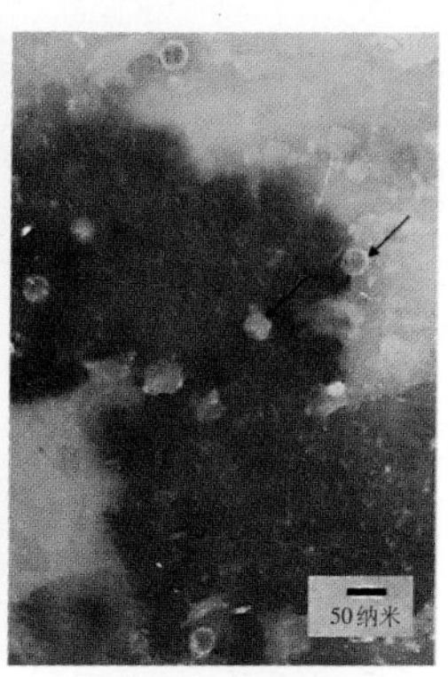

香菇球形病毒

（2）病原。香菇病毒有6 ～ 7种，分为球形、丝状和杆状三大类。丝状病毒样粒子，17纳米 × 200 ～ 1 700纳米；球状病毒样粒子，28纳米 × 280 ～ 300纳米等。从大部分香菇菌株中都检出丝状病毒样粒子，子实体比菌丝体更常检出丝状病毒样粒子。从野生香菇和栽培的香菇中都检出球状病毒样粒子，没有发现无病毒样粒子的香菇。检出棒状病毒样粒子的香菇菌株较少，检出率也低。在这些病毒样粒子中，球形粒子是含有核酸和蛋白质，39纳米具有双链核糖核酸，可是丝状粒子只有蛋白质没有核酸。

病毒主要靠菌丝和孢子传播。使用带毒的菌种接种，或是带毒的担孢子落到菇床上后，都可发病。

（3）防控方法。参照蘑菇病毒病防控方法。

3. 平菇病毒病

（1）症状。平菇病毒的症状表现为：菌丝生长速度慢，稀弱、发黄或吐黄水，出菇阶段表现为菇盖畸形、发僵、不向上开张或菇盖较小，并出现明显的水渍状条纹、转潮时间推迟，且第二、三潮出菇的形状均同样出现畸形。将带病菇体分离培养出菇时，还是表现同样的症状，即可初步诊断为病毒病菌株。

（2）病原。病原为直径24纳米的球形病毒。经提取得到多个双链核糖核酸（ds RNA）片段，以黄瓜花叶病毒ds RNA为参照物测得相对分子质量为1.3×10^6、1.10×10^6、0.98×10^6和0.85×10^6，4个主要ds RNA电泳带、衣壳蛋白为2个片段，相对分子质量为2.2万和4.4万，发

平菇病毒病症状

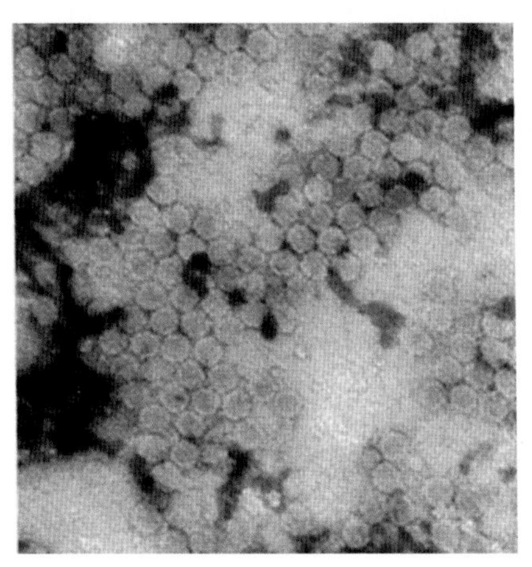

平菇病毒颗粒

病较重的样品可获得浓度较高的病毒。

（3）传播途径和发病条件。 菇场环境卫生差，使用劣质菌种易引起平菇病毒病的发生。平菇的球形病毒可以通过担孢子和菌丝的互相融合而传播。

（4）防控方法。 参照蘑菇病毒病防控方法。

五、酵母菌

红银耳病

（1）症状。 一种使银耳子实体变红的病害。被侵染的耳片局部变粉红色，后逐渐扩大到整朵子实体以及相邻的其他子实体、变红，耳基完全失去再生能力。

（2）病原。 病原菌为浅红酵母（*Rhodotorula pallida*）。夏秋高温生产，气温高于25℃以上，耳房在高湿和通风不良的条件下，容易导致红银耳病大量发生。发病后传染极快，往往数天之后全棚的银耳都被感染。病原菌主要通过风、雨水、昆虫（菇蚊）等传播，也可以通过手和采耳工具接触感染。

（3）防控方法。

①在气温下降至25℃以下开始栽培，减少高温对菌丝的危害。

②搞好耳房的环境卫生，耳房用2%过氧乙酸消毒处理。

③发病前喷洒新洁尔灭、土霉素有预防作用，发病后喷3%的高锰酸钾，可以控制红耳病的蔓延。

红银耳病

（引自《食用菌病虫诊治（彩色）手册》，2001）

第三节　非侵染（生理）性病害

食用菌的非病原病害主要是由不适宜的栽培环境条件或不适当的栽培措施所引起。如培养料的营养比例、含水量、pH、空气湿度、光线、二氧化碳等出现极端性不合理情况时，致使食用菌产生生理障碍，出现多种变态、菌丝生长不好、子实体畸形或萎缩等，导致质量降低产量下降。生理性病害由于不存在致病菌，所以这类病害是不会传染的。

1.畸形菇　菇体在成长过程中受到不良环境的影响后较易长成畸形菇。如平菇在二氧化碳含量过高的状况下，长出团状的菜花型的“块菌”，但改善通气条件时，又可从团状的原基中分化出完整的菇盖和菇柄，恢复正常生长。金针菇在坑道内中栽培，在坑道缺氧、二氧化碳浓度较高的情况下，只长成尖头状的纤细绒毛。工厂化栽培的杏鲍菇，在较高的二氧化碳浓度下，不易分化菇盖或菇盖上出现瘤状突起物，影响了菇的商品性。草菇在出菇阶段如把薄膜直接盖在菇体上会引进菇体无菇盖

畸形蘑菇

现象。香菇原基在菌袋内生长，受到薄膜挤压而畸形，覆土栽培的品种如蘑菇、球盖菇等菇蕾被过大过硬土粒压迫，都易使菇体出现畸形。猴头菇、真姬菇在缺氧状况下都易出现畸形现象。

毛木耳缺氧畸形

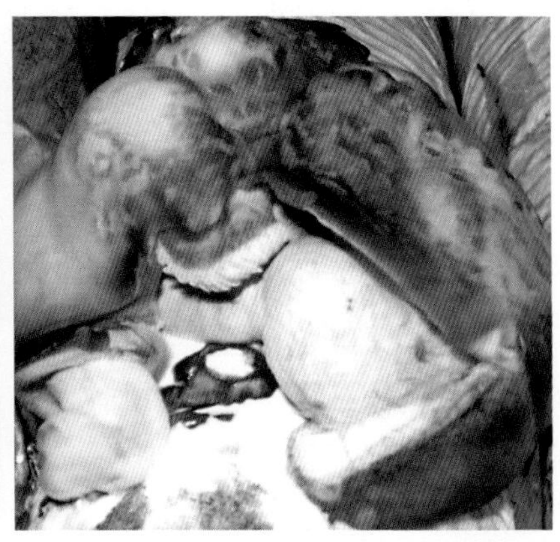

香菇受挤压致畸

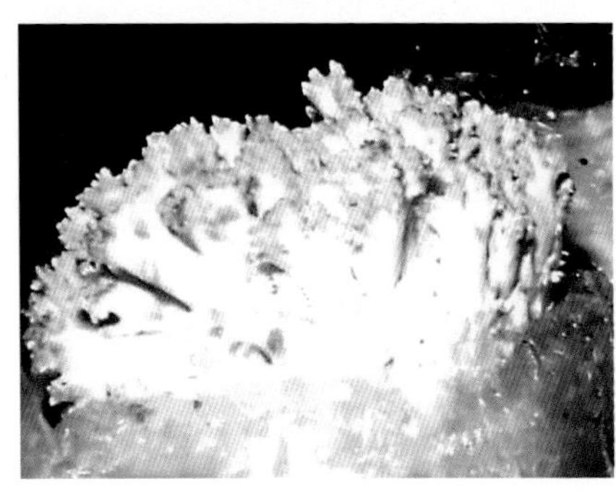

平菇缺氧致畸

金针菇袋边出菇畸形

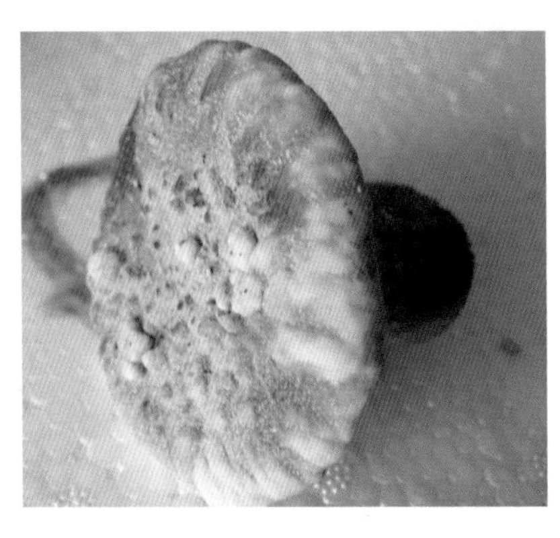

大杯蕈畸形菇

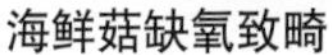
海鲜菇缺氧致畸

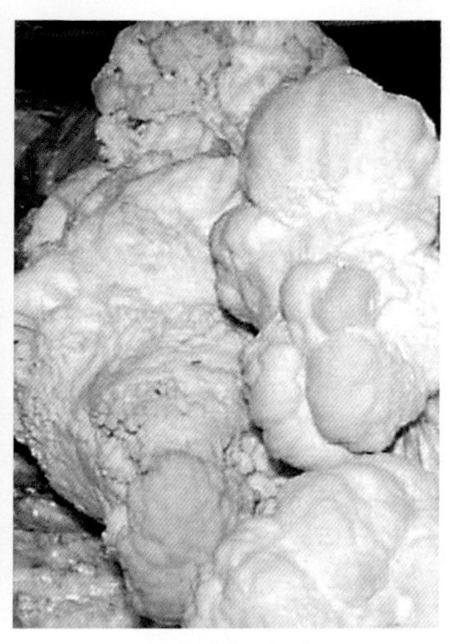

猴头缺氧致畸

防控方法：

（1）出菇棚内的出菇袋数不应过多，棚顶和两侧宜安装通气扇，定时换气。掌握不同品种对二氧化碳的适应值，有条件的菇房要配备二氧化碳控制箱，防止缺氧造成菇体畸形。

（2）一旦发现畸形菇，要立即改善通气状况，使之尽早恢复正常生长。畸形严重的原基应尽早摘除，让其重新分化生长出正常的菇体。冬季加温时应在菇房外烧炉子，再用暖气管送暖气至室内，防止室内直接烧煤炉消耗氧气，增加一氧化碳和二氧化碳含量，造成菇体中毒，变色畸形。

2.地雷菇　覆土栽培的蘑菇、姬松茸和鸡腿菇等品种，有时原基在覆土层下或在基质中形成，受到基质的挤压后，子实体无柄，成块状或球状，形似地雷。在地雷菇从料中拱起的过程中其周边

地雷菇

的菌丝断裂，菇蕾生长受到影响。

防控方法：

（1）菇床进料和覆土时，料内和菌丝层内避免掺入泥土，防止菌丝体在料内泥土中扭结出菇。

（2）栽培基质含水量不能过高，如水分偏高时，可在覆土前通风透气，降低料内湿度后再开始覆土。覆土的土质要疏松，土粒大小适宜，含水量适中，促使菌丝一次上土，在土面扭结出菇。在出菇期间要保持土层湿润，防治土层干燥，菌丝干缩，引起料内出菇。

（3）料内出现地雷菇时，及时连根拔除，压平料面盖上土层。

（4）使用适龄菌种，尽量在料面播种，防止打洞接种引起料内长菇。

3.空根白心　子实体菌柄变成白色疏松的髓，有时髓收缩或脱落成中空的现象。它严重影响食用菌的质量和产量。如双孢蘑菇、姬松茸和大球盖菇等品种，都易产生空根白心现象。当气温超过18℃时，子实体迅速生长，此时如果喷水少，菇房空气相对湿度在90%以下，覆土层的粗粒水分偏少，形成下湿上干现象，菌盖表面水分蒸发量大，菌柄中由于缺水便产生空根白心现象。

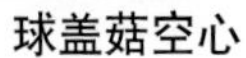

球盖菇空心

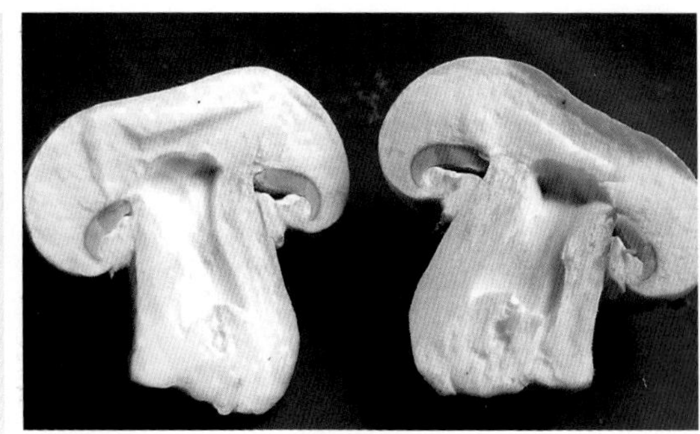

蘑菇空根白心

防控方法：温度过高，在夜间或早、晚要通风降温；出菇时水分要调足，使粗土粒含水量达到20%～22%；每采收一潮菇后，要喷一次重水，使粗土粒在整个秋菇盛产期能够不断地得到水分的补充；子实体生长期间，要保持菇房相对湿度达到90%。

4.温度不适症　有些品种在出菇期间遇到较大的温差刺激，造成生理失调，致使菇体畸形或死亡现象，称之为温度不适症。季节性栽培的品种在季节转换时，容易遭遇温差的影响。如草菇在20℃以下，易萎缩软化和死亡，灵芝在15℃以下菇体容易长成棒状，杏鲍菇在温差较大或温度偏高时易出现畸形或腐烂，中温蘑菇在26℃以上易死菇，鸡腿蘑在春季温差大时，极易出现成批死菇现象，云芝在8℃以下原基增厚、不易开片，真姬菇在25℃以上只长原基、不能分化出菇体，中低温平菇在高温下长出厚实的菌皮或长成“鸡爪式”菌盖，蘑菇子实体生长时突遇10℃以上温差，致使菌柄与菌盖生长不均衡，菌膜分离开裂，露出菌褶，即“硬开伞”现象。

高温致平菇畸形

温差偏大致蘑菇硬开伞

温差偏大致杏鲍菇重开片

温度偏低致草菇冻害

温度偏低致云芝畸形

敌敌畏致平菇畸形

防控方法：

（1）选择出菇温度广泛、抗性强的品种。

（2）提高保护设施水平，夏天以地表覆土栽培为主，冬天大棚用双膜覆盖保温，降低温差，使菇体生长在较适宜的温度范围中。

（3）遇到季节不适宜时，尽量安排以菌袋的形式越冬或越夏，菇床上则以遮阴干燥，覆厚土的形式越夏，到温度适宜时，再脱袋出菇。

5.药害症 食用菌菌丝和子实体对有些药剂敏感，容易致畸或致死。如用硫黄熏蒸菌种，易造成菌种死亡，甲基托布津、百菌清、敌敌畏和马拉硫磷等农药杀菌性很强，用于拌料易抑制菌丝生长；在出菇期喷施敌敌畏，致使原基死亡、菇体畸形或长期不出菇；多菌灵在灵芝、猴头菇

敌敌畏致平菇死亡

甲醛熏蒸致杏鲍菇畸形

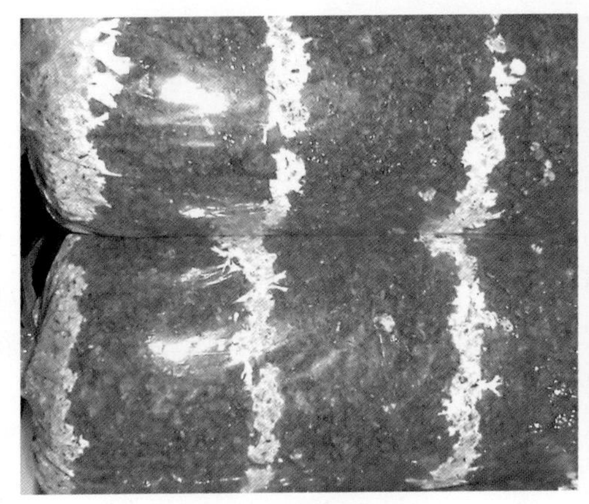

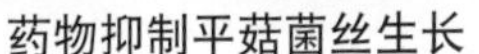

药物抑制平菇菌丝生长

敌敌畏致茶树菇死亡

和毛木耳上拌料及喷雾，易引起菌丝受抑制和子实体畸形僵化；pH 5以下的酸性杀菌剂喷雾在菇盖上，易使菇盖出现黄化、色斑或僵化死亡。

防控方法：

（1）应选择安全的专用型的农药对症下药，严格掌握用药时间和剂量。

（2）一旦出现药害要用清水多次冲洗，及时摘除受害菇体，让其重新分化和生长。

6.肥害症　生产配方中的碳、氮比例失调，尤其是氮肥偏多时，菌丝和菇体极易出现病态现象。如平菇菌丝在麦粒培养基中菌丝生长旺盛，但长不出子实体。香菇、平菇等品种的培养基中在麸皮比例过多的

氮肥偏多抑制蘑菇菌丝生长

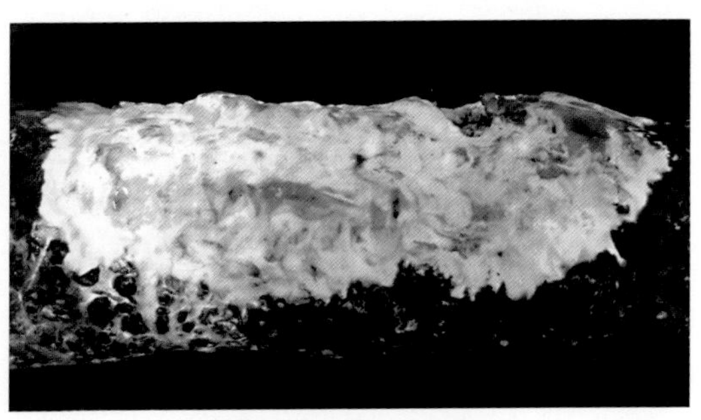

香菇菌丝徒长不易转色

情况下，菌皮增厚不易长菇。蘑菇在堆料时氮肥偏多，氨味浓重的培养基内，菌种不能萌发和吃料，甚至被氨气熏死，全部培养料报废。

防控方法：

（1）合理调制配方，严格控制氮肥使用量。减少或不使用尿素、硫铵等含氮化肥，多用有机氮肥，如饼肥、麸皮或豆粉等。

（2）发现氮肥偏多且抑制菌丝生长时，需及时将培养料取出掺入新料重新发酵，重新播种。

7.着色症 有些品种受环境不良因素刺激后，菇体表现出变色症状。如平菇子实体生长过程中，受到一些敏感的农药刺激后，菌盖变成黄色或呈现黄色斑点；当平菇吸收了煤炉加温中产生的二氧化碳气体，菇盖上会出现蓝色条纹或蓝色斑点；蘑菇子实体生长过程中被覆土中含有铁锈的水滴溅上后会产生铁锈色斑；猴头菇在较强的光线照射下，菇体呈现粉红颜色；杏鲍菇菇盖在水分偏多的情况下会出现水渍状条纹。

蘑菇变色

猴头菇在强光下变色

平菇被农药着色

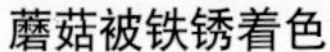

蘑菇被铁锈着色　　杏鲍菇水分偏多形成水渍状条纹

防控方法：

(1) 不宜用煤炉在出菇房内加温，应用管道送热蒸汽的形式增温。

(2) 在出菇期不宜施用农药。

(3) 在阴雨天时菇房不宜浇水。

(4) 猴头菇在出菇期应避免强光照，防止菇体变色。

第四节　线　　虫

危害食用菌的线虫属无脊椎的线形动物门，侧尾腺口纲，垫刃目(垫刃亚目、滑刃亚目)和小杆目线虫。如杆型线虫（Rhabditida）是危害食用菌的主要线虫；滑刃线虫（Aphelenchida）以刺吸菌丝体造成菌丝衰败；垫刃线虫（Tylenchida）在培养料中较少，但在覆土层中较普遍，危害性较轻；另在灰树花出菇袋内发现一种线虫（学名不祥），体长达3 ~ 6毫米，取食其菌丝，危害甚重。

一、危害状

线虫危害多种类食用菌菌丝，依被害程度由高向低排列的菇种依次为：蘑菇、凤尾菇、草菇、银耳、木耳、草菇、灰树花、平菇、香菇、茶树菇、鸡腿蘑、球盖菇。蘑菇受线虫侵害后，菌丝体变得稀疏，培养料下沉、变黑，发黏、发臭，菌丝消失不出菇。幼菇受害后萎缩死亡。香菇脱袋后在转色期间受害，菌筒产生“退菌”现象，最后菌筒松散而报废。草菇菇蕾受小杆类线虫危害后变为黄褐色，枯死，子实体被害后开始变黄，以后转为褐色，最后整个腐烂，腥臭。木耳被线虫危害后会造成流耳和烂耳。银耳受害后造成鼻涕状腐烂。线虫数量庞大，每克培养料的密度可达200条以上，其排泄物是多种腐生细菌的营养。这样使得被线虫危害过的基质腐烂散发出一种腥臭味。由于虫体微小肉眼无法观察到，常误认为是杂菌危害，或是高温烧菌所致。

平菇白瘤（线虫）病 （黄年来提供）

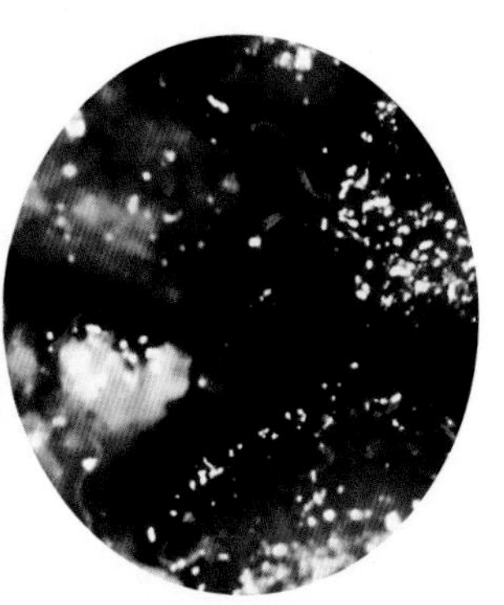

菇原基内的线虫

线虫危害香菇菌棒

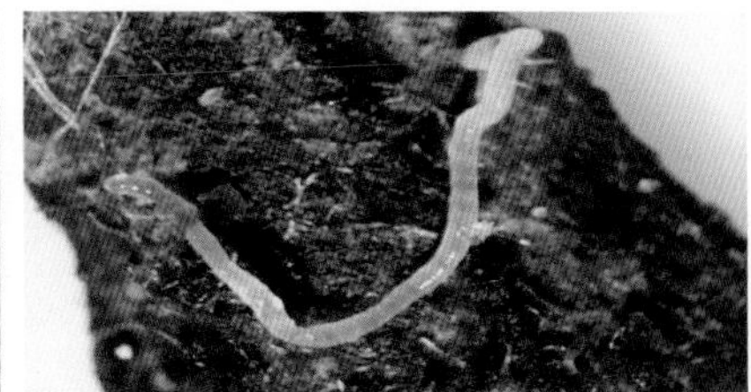

灰树花菌丝体被害状

二、主要种类

1.垫刃亚目（Tylenchina）　蘑菇菌丝线虫*Ditylenchus myceliophagus* Goodey，又名噬菌丝茎线虫。

（1）形态特征。隶属垫刃目垫刃科茎线虫属。口针长9～10微米，背食道腺开口接近口针基部，侧线每侧各6条，后食道球非常大。雌虫生殖腺1条，有后子宫囊；雄虫侧尾腺在交合伞稍前。雌虫体长0.6～1毫米；雄虫体长0.58～0.99毫米，交接刺长19微米，导刺带长9.4微米。虫体大小和生殖腺长度受营养和温度的影响。

（2）发生规律。18℃是最适合蘑菇菌丝线虫繁殖，26℃繁殖几乎停止。完成生活史，13℃需要40天，18℃ 26天，23℃ 11天，低于13℃繁殖很慢，50℃时干燥状态下虫体进入休眠期。线虫可在菇床床板的缝隙、菇房覆土以及外界土壤中存活，含水量大的腐殖质料中都有线虫分布。线虫能在水膜表面蠕动，有时大量线虫群集在覆土或菌体上，互相缠绕成一个闪烁的、扭曲的螺旋体。在菇床上线虫的危害程度在10%左右时，症状不明显而不引起注意，当危害程度达30%以上，防治困难，产量损失严重。塘水、旧菇房、工具和昆虫是线虫的携带者。而浇水采菇、害虫的活动是造成线虫传播的主要途径。

2.滑刃亚目（Aphelenchina）　蘑菇滑刃线虫*Aphelenchoides composticola* Franklin，又名堆肥滑刃线虫。

（1）形态特征。隶属垫刃目、滑刃科、滑刃属。头部比虫体窄一些，3条侧线，口针长11微米，口针纤细、基部球小。食道的前体部圆柱形，中食道球大、椭圆形，食道腺叶长度约为体宽的3倍，后子宫长度约为阴门至肛门之间的1/2或2/3，尾部圆锥形，腹向具一个尾尖突。交合刺成对，交合刺的背缘向腹面弯曲。具3对尾乳突，泄殖腔后一对，尾中部一对，尾端一对。雌虫体长0.45～0.62毫米；雄虫体长0.41～0.58毫米，交接刺长21微米。

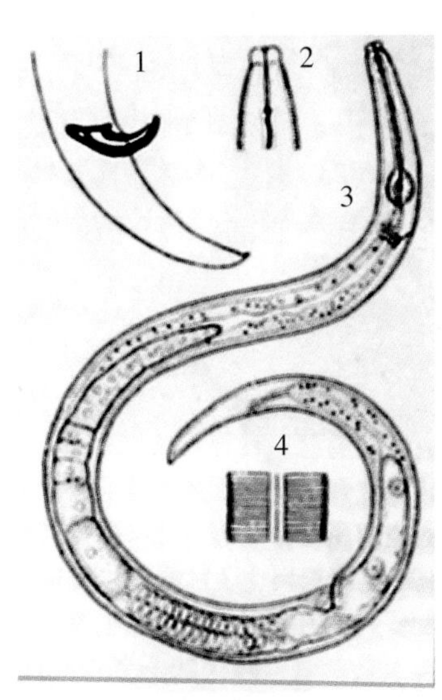

蘑菇堆肥线虫
（黄年来提供）

（2）发生规律。从卵到成虫的生活史，18℃需10天，28℃ 8天，在25℃中繁殖比在15℃、20℃和30℃中更迅速。普遍存在于堆肥和土壤中，散布在菇床、培养料、蘑菇菌丝及子实体上，性比不等，雌虫偏多，在水中有聚集现象。

菌丝腐败拟滑刃线虫

（1）形态特征。隶属垫刃目拟滑刃科拟滑刃属。体环间隔约0.8微米，侧线2～6条，头部几乎不突出，口针长11微米，无基球，食道管较粗，中食道球椭圆形，很发达，其中心有大的月牙形瓣门，阴道与体纵轴成直角，阴唇略隆起，前生殖腺发达，卵巢前端无反折，卵巢基部有18～20个细胞包围输卵管，成一集结的细胞群，子宫宽大，后阴子宫囊长度为体宽的3～4倍，直肠长度为肛门部体宽的2倍，尾部短，圆锥形，尾部半圆，幼虫尾部有腹侧尾乳突。雌虫体长0.58～0.82毫米；雄虫体长0.56～0.82毫米，交接刺长28微米，导刺带长13.5微米。

（2）发生规律。以土壤真菌为食，能损害蘑菇，25℃只需40小时就能完成胚前发育，18.3～21.1℃时在蘑菇上的数量8周可增加5万倍。存在于蘑菇培养料中，也曾在柑橘等作物的根部发现。

3.小杆目（Rhabditida） 小杆线虫*Rhabditis* spp.

（1）形态特征。隶属小杆目小杆科。无口针，雌成虫体长484～900微米，最宽处24微米。卵长30.8微米×22微米，椭圆形。雌虫多，雄虫少。雄虫比雌虫小一半。

（2）发生规律。在食物充足情况下，每条雌虫一次可产12枚虫卵。在银耳生长的温度范围（18～23℃）内，10天可繁殖一代，在月平均

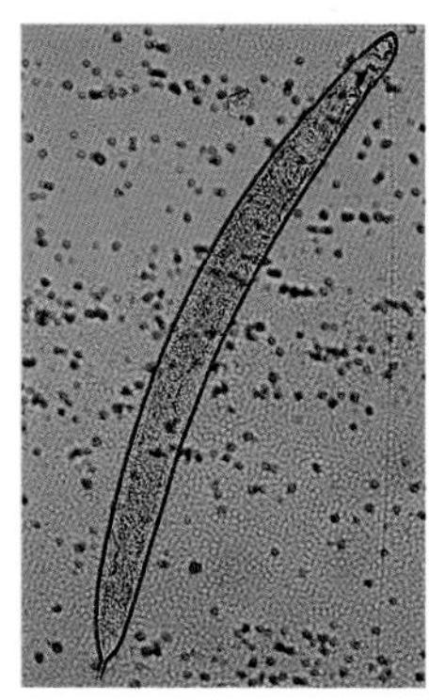

蘑菇小杆线虫

气温15.4℃时，一代约20天，在20℃时约10天，6～8月气温超过30～34℃，银耳线虫大量死亡。

三、防控方法

线虫的防治应贯彻“预防为主，综合防治”的方针。应采用农业、物理、化学等手段，进行综合防治。

1.农业防治

（1）降低培养料内的水分和栽培场所空气湿度，恶化线虫的生活环境，减少线虫的繁殖量，也是减少线虫危害的有效方法。

（2）选用未栽培过蘑菇的场所栽培蘑菇，这样的场所大量存在蘑菇线虫的可能性相对较小。多年连续使用的栽培场所，其环境卫生必须保持清洁，生产结束后及时清除废料，并及时对栽培场所进行全面清洗消毒，促进早期产量，缩短出菇时间。

（3）忌用不洁水拌料和浇菇，如水源不干净可加入适量硫酸铝沉淀净水，除去线虫后再用。流动的河水、井水较为干净，而池塘死水，含有大量的虫卵，常导致线虫泛滥危害。

（4）严防家禽、家畜、老鼠、蚊、蝇等进入栽培场所，保持栽培用具清洁。

（5）采用轮作制，如菇稻轮作、菇菜轮作、轮换菇场等方式，都可减少线虫的发生和危害程度。

（6）将栽培料进行高温堆制二次发酵处理（70℃保持5～7小时），可杀死栽培料中的线虫及虫卵。利用栽培料发酵后的余热（55℃保持10小时），对覆土培养料进行杀虫处理。然后降温至48℃以上保持加温5～7天，二次发酵杀灭线虫成功的关键是让菇房内各个部位均能达到所要求的温度。

2.药剂防治

（1）菇净中含有杀线虫的成分，按1 000倍喷施能有效地杀死料中和菇体上的线虫。

（2）用磷化铝熏蒸菇房和培养料，剂量为6克/米^3，菇房封闭2天后打开通气。

（3）菌种上床后，密切注视培养料中的线虫动态，一经发现线虫即用0.001%～0.05%碘液滴在病斑上，不使其扩大。

第二章 食用菌主要虫害与防治

侵害食用菌的虫害种类繁多，据初步统计有15个目的昆虫能直接侵害食用菌的菌丝和子实体，还有多种的动物以食用菌的菌丝和子实体为食物，两者合计种类达90多种。营养丰富的栽培基质为虫害生长和繁殖提供了良好的食源，许多害虫初期以腐熟的有机质为食源，如跳虫、螨虫、瘿蚊、线虫、白蚁和蚤蝇等昆虫都喜食腐熟潮湿的有机质。经发酵熟化后的基质能散发出特有的气味，吸引昆虫在料里产卵和繁殖。当菌丝生长时这些害虫转向取食菌丝体，随着危害菇蕾和子实体，因此有些害虫成了食用菌栽培期的终身害虫。

食用菌遭遇害虫侵害后，造成培养基变质、杂菌滋生，菌丝量减少或消失、萎缩或腐烂，子实体出现斑点、缺刻、干枯、萎缩、死亡等现象。害虫侵害面广，食性杂，虫体小，隐蔽性强，繁殖量大，暴发性强。螨虫、瘿蚊、菇蚊从培养基质、菌丝到菇体都能取食危害，在培养基的表面和深层都有虫体分布取食危害。

菇房（菇棚）适宜的出菇环境也为害虫的生存提供了优越的条件，多种食用菌发菌温度在10 ～ 30℃，出菇温度15 ～ 30℃，培养基水分65%左右，空气湿度在85%左右。在此条件下，害虫繁殖和危害的速度也达到最佳值。在适宜的条件下，害虫消除了冬眠期和越夏期，生活周期缩短，繁殖代数增加，加重了危害程度。

第一节　双翅目害虫

本目包括蝇蚊类昆虫。蚊蝇类的典型特征是：体小至中型，口器为刺吸式、舐吸式，具膜质前翅一对，后翅退化成平衡棒。幼虫无足型，蛹多为围蛹。现有11个科的昆虫与食用菌生产关系较密切，包括许多食用菌上主要的害虫。现介绍本目最主要的害虫类别。

一、多菌蚊

属于双翅目长角亚目菌蚊科多菌蚊属，该属有古田山多菌蚊（*Docosia gutiuushana*）、中华多菌蚊（*Docosia sinensis*），俗称菇蚊或菇蛆。以古田山多菌蚊为主要优势种。

1.形态特征

（1）成虫。体长3.5 ~ 4.5毫米，翅与腹部等长，头嵌入胸末，不凸起，单眼通常远离眼眶，眼后无鬃毛，前胸背板上具稀疏刚毛。口器通常短于头部，若口器细长，则M脉和CuA脉完整且分叉，M脉与CuA脉连接于横脉h或接近h，Rs与R分离超过h处；M主脉存在，Sc脉游离；R_{2+3}消失，横脉r-m几乎水平；R_1不到r-m的3倍长，Rs基部清晰、翅膜具不规则排列的微毛，长毛消失，细胫毛不规则排列，中背片光秃。侧背片光秃，后基节近基部具许多后侧毛，后光秃至顶。

（2）卵。卵通常椭圆形，白色发乳光。幼虫借助于一个几丁质的小助卵器破壳。

（3）幼虫。通常细长、老熟幼虫体长4 ~ 6毫米。体白色，有一明显的黑色头囊。头囊密闭，不可伸缩，上颚相对，处同一平面上。

（4）蛹。大多在室内化蛹，有茧或无茧，一般在附近有菌的土壤里、黑暗中进行，有时会在疏松的茧里。蛹期很短。

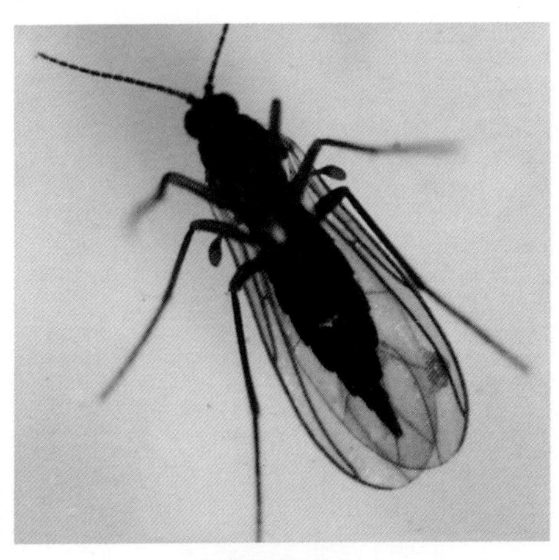

多菌蚊雌成虫

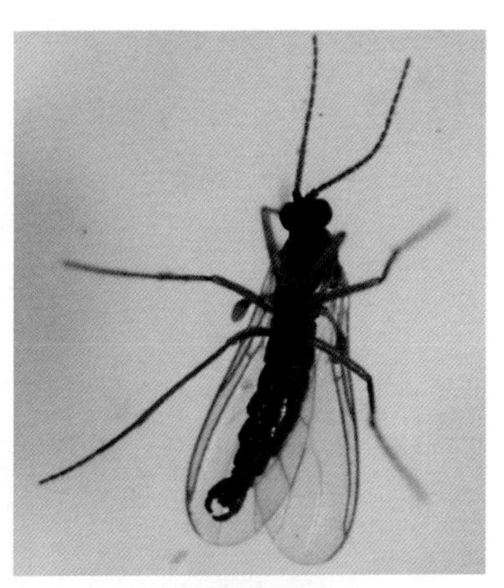

多菌蚊雄成虫

多菌蚊幼虫

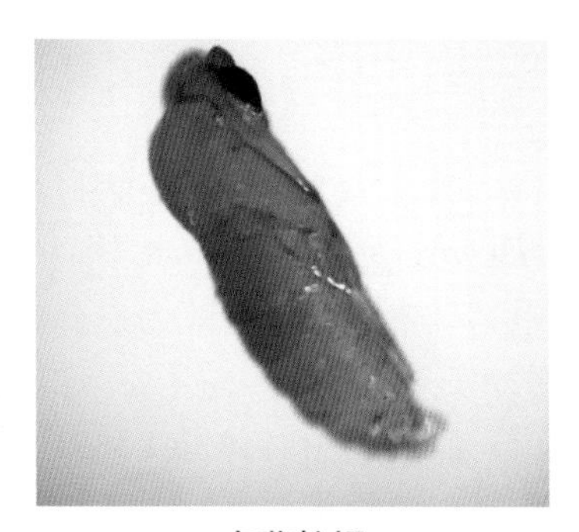
多菌蚊蛹

2.危害状　多菌蚊是食用菌栽培中最重要的害虫之一。其幼虫直接危害食用菌菌丝和菇体，如蘑菇、姬松茸、茶树菇、杏鲍菇、白灵菇、金针菇、秀珍菇、灰树花、毛木耳、黑木耳、银耳和平菇等多种品种都是多菌蚊的取食对象，多菌蚊尤其喜食秀珍菇菌丝、钻蛀幼嫩菇体，造成菇蕾萎缩死亡。幼虫危害茶树菇、金针菇、灰树花时常从柄基部蛀入，在柄中咬食菇肉，造成断柄或倒伏，幼虫咬食毛木耳、黑木耳、银耳耳片，导致耳基变黑黏糊，引起流耳和杂菌感染。成虫体上常携带螨虫和病菌，随着虫体活动而传播，造成多种病虫同时发生危害，对食用菌产量和质量造成很大的损失。

3.生活习性　古田山多菌蚊适宜于中低温环境下生活，温度在0～26℃，都能完成正常的生活周期，以15～25℃为活跃期，成虫喜欢在袋

茶树菇被多菌蚊危害状

多菌蚊危害茶树菇菌丝

口上及菌床上飞行交尾，适温下成虫寿命较长，可达3～5天。在食源丰富、温度适宜的条件下，成虫产卵量达100～250粒，因此，秋季的11～12月、春季3～6月是多菌蚊的繁殖高峰期。当温度在10～22℃时，卵期5～7天；温度在18～26℃时，卵期3～5天，孵化期7～10天。幼虫4～5龄，幼虫期10～15天，初孵化的幼虫丝状，群集于水分较多的腐烂料内，随着虫龄的增长边取食边向料内、菇体内钻蛀，老熟幼虫爬出料面，在袋边或菇脚处结茧化蛹，以蛹的形式越夏。冬季大棚内幼虫正常取食，生长期延长，无明显的越冬期。

4.防控方法

(1) **合理选择栽培季节与场地**。选择不利于多菌蚊生活的季节和场地栽培，在多菌蚊多发地区，把出菇期与多菌蚊的活动期错开，同时选择清洁干燥、向阳的栽培场所。栽培场周围50米范围内无水塘、无积水、无腐烂堆积物，这样可有效地减少多菌蚊寄宿场所，减少虫源也就降低了危害程度。

(2) **多种类轮作，切断菌蚊食源**。在多菌蚊高发期的10～12月和3～6月，选用多菌蚊不喜欢取食的菇类栽培出菇，如选用香菇、鲍鱼菇、猴头菇等栽培，用此方法栽培两个季节，可使该区内的虫源减少或消失。

(3) **重视培养料的前处理工作，减少发菌期菌蚊繁殖量**。生料栽培的蘑菇、平菇等易感菌蚊的品种，应对料中和覆土药剂处理，做到无虫发菌、少虫出菇，轻打农药或不打农药，如蘑菇在经2次发酵后，播种前应在料面喷施4.3%高氟氯氰·甲阿维（菇净）或25%除虫脲2 000倍液，驱避发菌期成虫产卵和消灭料内幼虫，在覆土后结合喷施调菇水时再用菇净1 000倍液喷雾，可防治出菇期多种害虫繁殖危害。

(4) **物理防控，诱杀成虫**。在成虫羽化期，菇房上空悬挂杀虫灯，每间隔10米距离挂一盏灯，在晚间开灯，早上熄灭，诱杀大量的成虫，可有效减少虫口数量。在无电源的菇棚可用黄色的黏虫板悬挂于菇袋上方，待黄板上黏满成虫后再换上新虫板使用。

(5) **药剂控制，对症下药**。在出菇期密切观察料中虫害发生动态，当发现袋口或料面有少量多菌蚊成虫活动时，结合出菇情况及时用药，将外来虫源或菇房内始发虫源消灭，则能消除整个季节的多菌蚊虫害。在喷药前将能采摘的菇体全部采收，并停止浇水一天。如遇成虫羽化期，要多次用药，直到羽化期结束，选择对人和环境安全的药剂，如菇净、Bti（苏云金杆菌）、甲胺基阿维菌素等低毒农药。

药剂使用方法：菇净和甲胺基阿维菌素用量在1 000倍液，Bti可用4 000～8 000ITU/微升（ITU是国际毒力单位International toxicity Unit的缩写）悬浮剂，或8 000～16 000ITU/毫克可湿性粉剂，100～150克制剂，加水50千克喷雾，整个菇场要喷透、喷匀。注意事项：使用Bti需在气温18℃以上，宜傍晚施药，可发挥其杀虫最佳效果；对家蚕、蓖麻蚕毒性大，不能在桑园及养蚕场所附近使用；不能与杀菌剂混用，应避光、阴凉、干燥保藏；随配随用，从稀释到使用，一般不要超过2小时。

防虫网阻隔成虫

黄板诱杀效果

频振式杀虫灯诱杀成虫

二、闽菇迟眼蕈蚊

闽菇迟眼蕈蚊（*Bradysia minpleuroti* Yang et Zhang），属双翅目眼蕈蚊科（或眼菌蚊科），异名黄足菌蚊。

1.形态特征

（1）成虫。雄虫体长2.7～3.2毫米，暗褐色，头部色较深，复眼有毛，眼桥小，眼面3排，触角褐色，长1.2～1.3毫米；下颚须基节较粗，有感觉窝，有毛7根，中节较短，有毛7根，端节细长毛8根；胸部黑褐色，翅淡烟色，长1.8～2.2毫米、宽0.8～0.9毫米，前缘脉（C）、亚前缘脉（Sc）和径脉（R）很粗，M柄微弱，末端二分支成U形，平衡棒淡黄色，有斜列小毛；足的基节和腿节污黄色，转节黄褐色，胫节和跗节暗褐色，前足基节长0.4毫米，腿节与胫节长各为0.6毫米，跗节长0.7毫米，胫节的胫梳1排，梳6根，爪有齿2个；腹部暗褐色，尾器基节宽大，基毛小而密，中毛分开不连接，端节小，末端较细，内弯，有3根粗刺。雌虫较大，体长3.4 ~ 3.6毫米；触角较雄虫短，长1毫米；翅长2.8毫米，宽1毫米；腹部粗大，端部细长，阴道叉褐色，细长略弯，叉柄斜突。

（2）卵。长圆形，长0.24毫米、宽0.16毫米，初期淡黄色，半透明，后期白色，透明。

（3）幼虫。初孵化体长0.6毫米，老熟幼虫6 ~ 8毫米，体乳白色，头部黑色，圆筒形。

（4）蛹。在薄茧内化蛹，蛹长3 ~ 3.5毫米，初期乳白色，后期黑色。

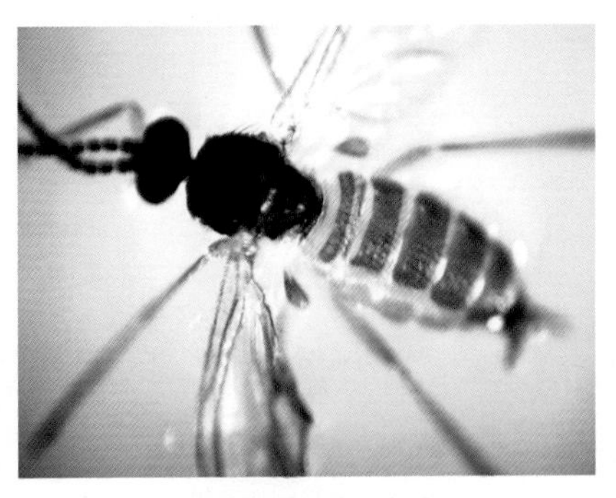

闽菇迟眼蕈蚊成虫

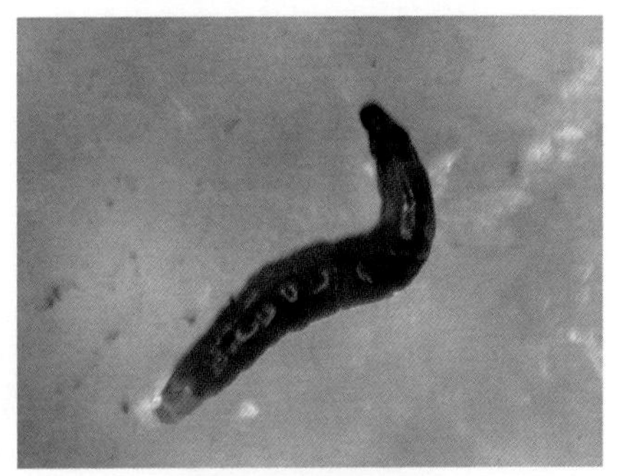

闽菇迟眼蕈蚊幼虫

2.危害状　闽菇迟眼蕈蚊主要侵害南方秋冬季地区毛木耳、鲍鱼菇、凤尾菇、蘑菇等品种。以幼虫咬食菌丝、原基和菇体，被害后造成退菌、原基消失、菇蕾萎缩、缺刻和菇体孔洞等危害状。被害部位呈糊状，颜色变黑，菇质呈现黏糊状，继而感染各种病菌，造成菇袋污染报废。

3.生活习性　闽菇迟眼蕈蚊在福建漳州、龙海、莆田等地发生多、危害重。温度低于13℃时，幼虫活动缓慢，当温度在16 ~ 26℃，幼虫大量取食和繁殖。在此期幼虫期10 ~ 15天、蛹期4 ~ 5天、成虫3 ~ 4天、卵期6 ~ 7天、产卵量100 ~ 300粒，以蛹或卵的形式越夏，以蛹或幼虫的形式越冬。每年发生2 ~ 3代。

4.防控方法　参照多菌蚊防控方法。

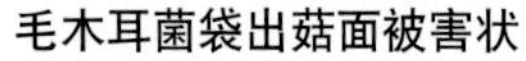

毛木耳菌袋出菇面被害状

幼虫取食蘑菇

三、中华新蕈蚊

中华新蕈蚊（*Neoempheria sinica*）属双翅目菌蚊科。

1.形态特征

（1）成虫。黄褐色，体长5～6.5毫米；头部黄色，触角中间到头后部有一条深褐色纵带穿过单眼中间；单眼2个，复眼大，紧靠复眼后缘各有1个前宽后窄的褐斑；触角长，鞭节14节；下颚须褐色，3节；胸部发达，背板多毛并有4条深褐色纵带，中间两条长，呈V形；前翅长5毫米、宽1.4毫米，其上有褐斑；足细长，胫节末端有一对距；腹部9节，1～5节背板后端均有深褐色横带，中部连有深褐色纵带。

（2）卵。椭圆形，但顶端尖，背面凹凸不平，腹面光滑。

（3）幼虫。初孵时体长1～1.3毫米，老熟时10～16毫米，头壳黄色，胸和腹部淡黄色，共12节，气门线深色波状。

（4）蛹。体长5.1毫米、宽1.9毫米；初蛹乳白色，后渐变淡褐色至深褐色。

2.危害状　幼虫危害蘑菇的菌丝体和子实体，多爬行于菌丝之间咬食菌丝，使菌丝减少，培养料变黑、松散、下陷，造成出菇困难。出菇以后，幼虫从菇柄基部蛀入取食，并蛀到菇体内部，形成孔洞和隧道，其中以原基和幼菇受害最为严重。虫口数量大的部位幼菇发育受到抑制，并使被害菇变褐后呈革质状，或群集蛀空菌柄，使被害菇变软呈海绵状，最后腐烂。

3.生活习性 成虫的盛发期在3～4月和10～11月，有很强的趋腐性和趋光性。成虫的卵多数产在培养料缝隙表面和覆土上，很少产在菇体上。幼虫喜在15～28℃的温度下活动，生长发育较好。老熟幼虫多在土层缝隙或培养料中做室化蛹。该菌蚊食性杂，喜腐殖质，常集居在不洁净之处，如垃圾、废料、死菇和菇根上。

4.防控方法 参照多菌蚊防治方法。

中华新蕈蚊成虫

中华新蕈蚊幼虫

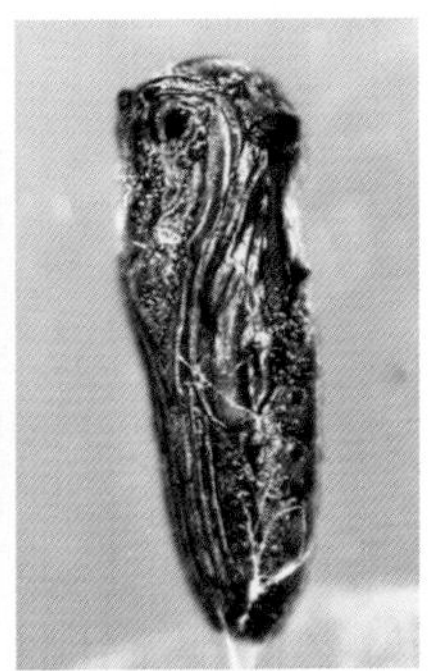
中华新蕈蚊蛹

毛木耳被害状

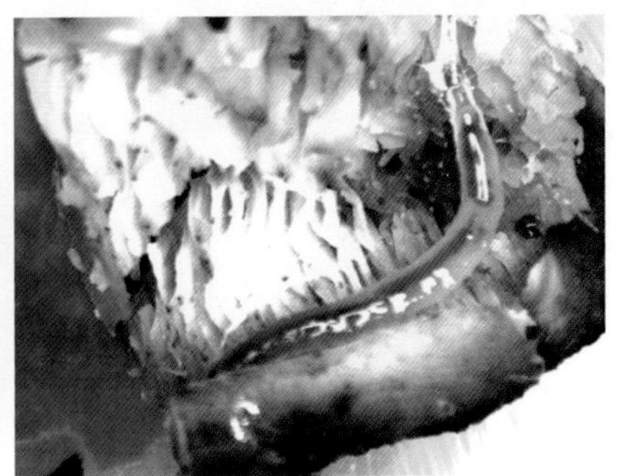
香菇被害状

四、真菌瘿蚊

瘿蚊属长角亚目瘿蚊科菌瘿蚊属。危害食用菌的瘿蚊有真菌瘿蚊（*Mycophila fungicola*）、异翅瘿蚊（*Heteropera pygmaen* Winnertz）。其中以真菌瘿蚊为常见种。

1.形态特征

（1）**成虫**。成虫似同细小家蝇，体长1.07～1.12毫米，展翅1.8～2 .3毫米。触角念珠状，每节上都有环生，放射状细毛；头黑色，复眼较大，左右连接；腹、足和平衡棍为橘红色或淡黄色；腹部可见8节；末节有2个尾突状外生殖器；足细长，基节较短，胫节长而无端距；前翅透明，翅脉简单；足有4根或5根纵脉。

（2）**卵**。卵长圆锤形，长0.23～0.26毫米，初产时呈乳白色，以后慢慢变为橘黄色。

（3）**幼虫**。幼虫呈纺锤形蛆状，有性繁殖孵化的幼虫，体长0.2～0.3毫米，白色；无性繁殖破壳复生的幼虫，长1.3～1.46毫米，淡黄色（从母体中带的色素）；老熟幼虫体长2.3～2.5毫米，橘红色或淡黄色，无足，在中胸腹面有一个端部分叉的红褐色或黑色的剑骨。

（4）**蛹**。蛹倒漏斗形，前端白色，半透明，后端腹部橘红色或淡黄色，蛹长1.3～1.6毫米。头顶2根毛，随着时间的延长，蛹的复眼和翅芽转为黑色。

瘿蚊成虫 （黄年来提供）

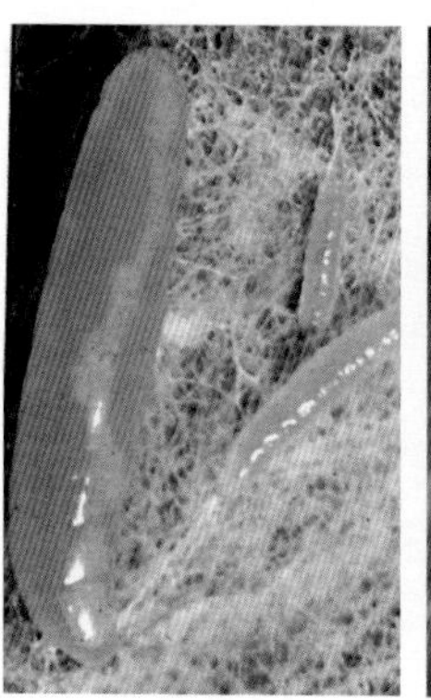

瘿蚊幼虫

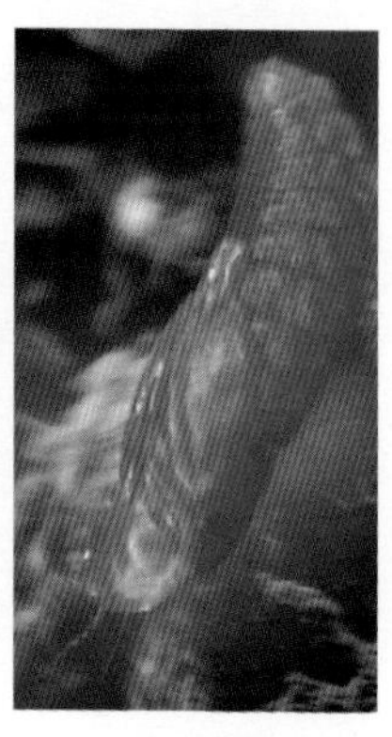

瘿蚊蛹

2.危害状　瘿蚊危害期主要在秋冬春季的中低温时期，以幼虫侵害多种食用菌的菌丝和菇体。在丰富的食源中，幼虫以幼体繁殖，很快就在培养料和菇体的菌褶内爬满了幼虫，幼虫咬食菌丝和菇体、带虫的菇体降低了商品性。瘿蚊幼虫也能携带杂菌，致使病菌在伤口上侵入而引发病害。

3.生活习性　在温度5～25℃期间，瘿蚊能取食菌丝和菇体并以母

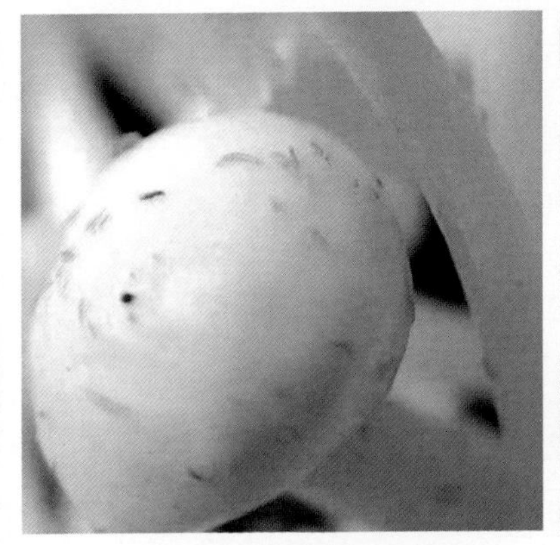

金针菇菌盖上的瘿蚊危害状

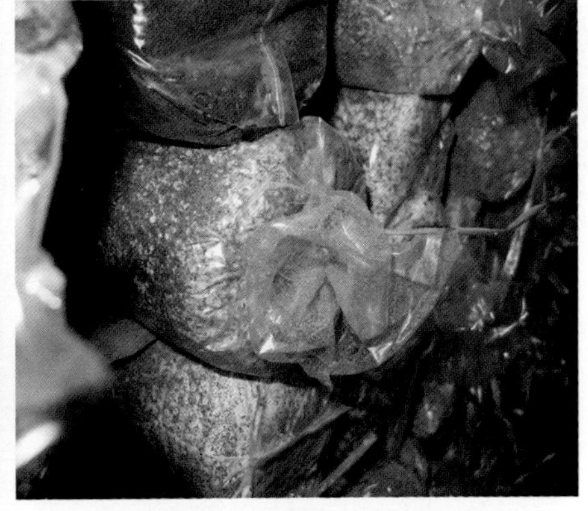

发菌期间瘿蚊危害状

体繁殖，3～5天繁殖一代，每只雌虫产出20多条幼虫，虫口数量迅速递增，很短的时间就在菇床的料面和菇体中出现橘红色的虫体。遇干燥时，虫体密集结成球状，以保护生存。待环境适合时，球体瓦解，存活的幼虫继续繁殖。幼虫喜潮湿环境，在潮湿的培养基上虫体可爬行，在干燥处虫体很快失水死亡。虫体可用自身卷曲的弹力，向远处迁移。温度在5℃以下时，以幼虫形式在料中休眠越冬。在30℃以上时，虫体转为蛹的形式越夏，等待温湿度适宜时成虫产卵，进入下一世代的繁殖。成虫羽化多在午后16时前后，少量在上午10时左右，成虫羽化2～3小时后出现雌雄交尾，雄虫交尾后不久死亡，雌虫交尾后短期内在培养料间产卵或在菇床土缝间产卵，每处产卵2～3粒，每只雌虫可产10～28粒，产完后在1～2天内死亡，未经交配的成虫寿命为2～3天。卵在室温18℃、相对湿度20%～30%时，卵期4天左右。室温0～10℃、相对湿度10%～15%时，幼虫经过11～13天，老熟幼虫进入料表层或土块表面处做土室化蛹。在羽化的蛹体不断地左右蠕动，再过1～3小时后羽化，在室温18～20℃、相对湿度在68%～75%时，蛹期3～7天。

4.防控方法　蘑菇培养料宜进行二次发酵，杀死料中的虫卵，减少出菇期的虫源，平菇尽量用熟料栽培，发菌场所保持适当的低温和干燥，能有效地控制瘿蚊危害，在常年发生瘿蚊危害的老菇房内栽培蘑菇，其培养料和覆土材料均宜预先拌药处理，可有效地减少瘿蚊危害。在出菇期遇瘿蚊爆发时，把菇采后喷上1 000倍液的菇净可有效地减少虫口数量。

五、广粪蚊

广粪蚊（*Cobolidia fuscipes* Meigen），属双翅目粪蚊科。

1.形态特征

（1）**成虫**。体长1.7 ~ 2.1毫米，体黑亮、少毛，是小型粗壮的蚊类。头小，触角短粗棒状，共10节。单眼3个，复眼发达。胸部高而隆起，翅长1.5毫米，宽0.6毫米，灰色，翅端较圆，足粗短。腹部圆筒形，有7节。

（2）**卵**。长0.11 ~ 0.2毫米，宽0.12毫米，初产乳白色，孵化前变亮，长圆形，表面光滑。

（3）**幼虫**。刚孵化出的小幼虫体长0.3毫米，色稍白灰；老熟幼虫体长1.8毫米，体稍扁，淡灰褐色。头黄色，头后缘有一黑边。触角棒状，有小分支。体13节，背面可见11节。

（4）**蛹**。裸蛹，体长1.7 ~ 3.2毫米，褐色，气门明显。

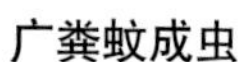

广粪蚊成虫

广粪蚊蛹

广粪蚊幼虫

2.危害状　以幼虫危害平菇培养料、菌丝、原基和菇体。高温时期，毛木耳及平菇的原基和耳片遭受幼虫危害。被害后造成培养基松散、黏糊、失去出菇能力。耳片被害后造成缺刻、孔洞和流耳，随之被绿霉等杂菌感染。

危害状

3.生活习性　15～30℃是广粪蚊活动期，秋天危害较轻、春夏季危害严重，以4～6月的毛木耳和平菇受害严重。虫体以老熟幼虫和蛹在培养料中越冬，以蛹的形式越夏。

4.防控方法　参照多菌蚊防控方法。

六、短脉异蚤蝇

蚤蝇属双翅目芒角亚目蚤蝇科。危害食用菌蚤蝇种类有白翅蚤蝇（*Megaselia* sp.）、东亚异蚤蝇（*Megaselia spiracularis* Schmitz）、蘑菇虼蚤蝇（*Puliciphora fangicola* Yang et Wang.）和短脉异蚤蝇［*Megaselia curtineura*（Brues）］等。其中以短脉异蚤蝇对食用菌的危害最为普遍和严重。

1.形态特征

（1）成虫。体长1.1～1.8毫米，雌成虫一般比雄成虫个头稍大，体黑色或黑褐色；头、胸、腹、平衡棍黑色，足、下颚须土黄色；复眼深黑色，大，馒头形，两复眼无接触；触角3节，基部膨大呈纺锤形，触角芒长；胸部大，中胸背板大、向上隆起呈驼背状；翅透明，翅长过腹，翅脉前缘基部3条粗壮，中脉及其他脉细弱；腹部8节，圆筒形，除末节外，各节几乎等粗，末节有2个尾状突；足基节、腿节粗肥，各节密布微毛。

（2）卵。圆至椭圆形，白色，表光滑。

（3）**幼虫**。蛆形，无足，体长2～4毫米，无明显头部，体有11节痕，乳白至蜡黄色，前端狭后端宽，体壁多有小突起。

（4）**蛹**。围蛹，长椭圆状，两端细，黄至土黄色，腹面平而背面隆起。

短脉异蚤蝇成虫

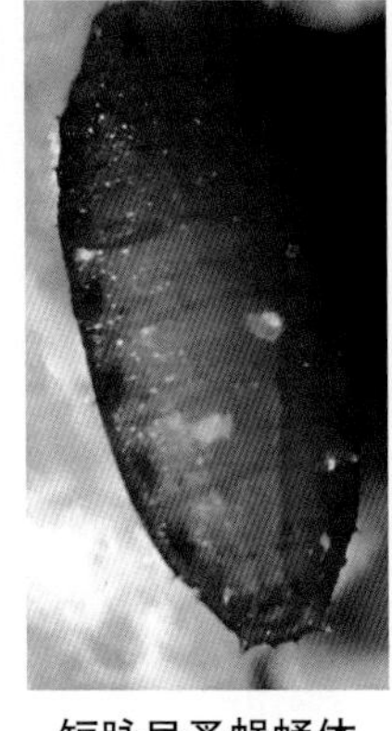
短脉异蚤蝇蛹体

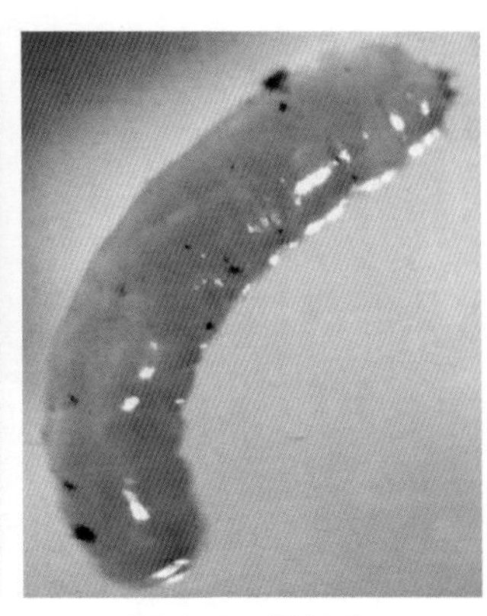
短脉异蚤蝇幼虫

2.危害状 主要以幼虫咬食中高温期食用菌的菌丝和菇体。如平菇和秀珍菇在发菌期极易遭受幼虫蛀食，菌袋内菌丝被蛀食一空，只剩下黑色的培养基，致使整个菌袋报废。蚤蝇只蛀食新鲜的富含营养的菌丝，长过菇的菌丝或菌索未有发现被害现象。幼虫蛀食菇体形成孔洞和隧道，使菇体萎缩、干枯失水而死亡。

3.生活习性 短脉异蚤蝇耐高温，在气温15～35℃的3～11月为活动期，尤其在夏秋季5～10月进入危害高峰期。在大棚保温设施条件下，春季的3月中旬、棚内温度达15℃以上时，开始出现第一代成虫，成虫体小、隐蔽性强，往往是进入爆发期后才被发现。成虫不善飞行，但活动迅速，善于跳跃，在袋口上产卵，7～10天后幼虫孵化出，幼虫钻蛀菌袋内咬食菌丝。第二代成虫在4～5月产卵，到第三代以后出现世代重叠现象。在15～25℃，35～40天繁殖一代。在30～35℃，20～25天繁殖一代。幼虫期7～10天，老熟幼虫钻出袋口，在培养基表面、袋壁和菇柄上化蛹，蛹期5～7天，成虫期5～8天，卵期3～4天。11月份后以蛹在土缝和菇袋中越冬。高温平菇、草菇、蘑菇和鸡腿菇等菇是短脉异蚤蝇的取食对象，尤其是平菇，在开袋后遭受蚤蝇危害，只长第一潮菇。若发菌期被蚤蝇蛀食，只剩下培养料，在南京地区的平菇，夏秋季短脉异蚤蝇危害严重，常常是几个大棚连遭侵害，导致菌袋报废，生产停止。

平菇料面上的幼虫和蛹

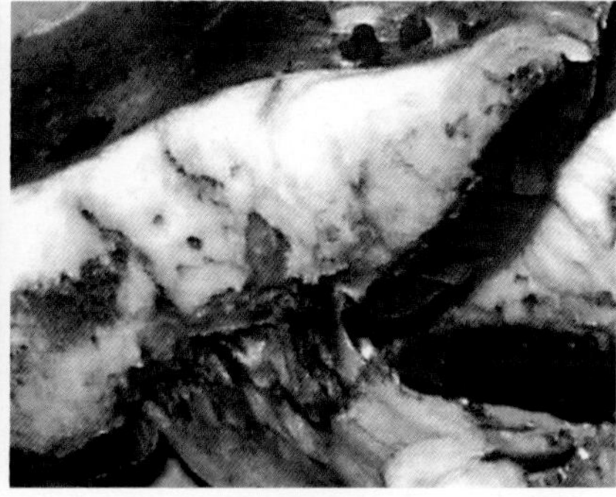

菇体被害状

4.防控方法

（1）菇房应远离垃圾场地，并及时铲除菇房四周杂草，减少蚤蝇的寄居场所。

（2）发菌袋与出菇袋不宜同放一个栽培棚，以免成虫趋向发菌袋产卵危害。虫口发生量大的菌袋要及时回锅灭菌后重新接种。及时清除废料，虫源多的废料要及时运至远处或是烧毁，防止虫卵继续繁殖危害。

（3）菌袋发菌期发现成虫在袋口处活动时，要及时用药防治，选择能熏杀成虫的药剂，可用磷化铝熏蒸10个小时，在纱窗上喷雾菇净，幼虫钻入菇袋内时及时将菌袋从菇房出取出销毁。

七、黑腹果蝇

黑腹果蝇（*Drosophila melanogaster* Meigen）属果蝇科。

1.形态特征

（1）**成虫**。黄褐色，腹末有黑色环纹，复眼有红、白色两种变型，体长在5毫米以下，触角第三节圆形，腹部粗短，臀式小。

（2）**卵**。乳白色，长约0.5毫米，背面前端有一对触角。

（3）**幼虫**。乳白色，蛆形，体长4.5～5.5毫米。

（4）**蛹**。围蛹，初期为白色而软化，后渐硬化变为黄褐色。

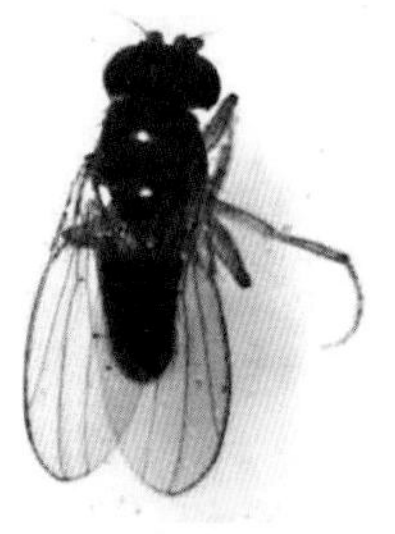

黑腹果蝇雄成虫　黑腹果蝇雌成虫

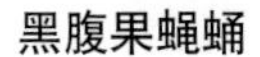

黑腹果蝇蛹

黑腹果蝇幼虫

2.危害状　主要以幼虫危害毛木耳、黑木耳等种类的子实体和菌丝，造成烂耳和子实体萎缩、干瘪等，并导致杂菌污染，菌棒（或菌袋）发生水渍状腐烂，严重影响木耳的产量和质量。

3.生活习性　黑腹果蝇生活史短，繁殖率高，每年可繁殖多代，适温范围广，10 ～ 30℃成虫都能产卵和繁殖，30℃以上，成虫不育或死亡。10℃由卵到幼虫需经57天，15℃时需要18天，20℃时需要6天左右，在25℃仅需4 ～ 5天。成虫喜欢在烂果、发酵料上取食和产卵，幼虫孵化后取食菌丝、子实体，老熟后爬至较干燥的菌袋壁上化蛹。

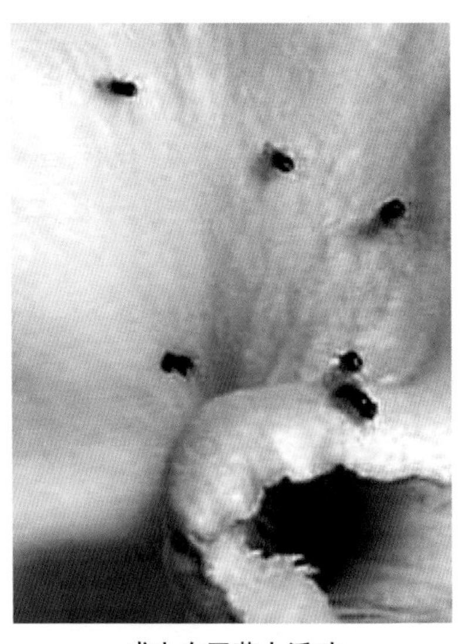

成虫在平菇上活动

幼虫危害平菇菌丝

4.防控方法

(1) 根据成虫喜欢在烂果、发酵料上取食和产卵的特性，在菇房出现成虫时，取一些烂果或酒糟放在盆内，倒入80%敌敌畏1 000倍液诱杀成虫。

(2) 参照蚤蝇防控方法。

八、毛蠓

毛蠓（*Psychoda* sp.）又称蛾蚋、菇蛾蠓。属长角亚目毛蠓科或蛾蠓科蛾蚋属。

1.形态特征　体长3～5毫米，体色灰褐色，翅膀布满灰色的细毛，翅面具不明显的白色细小斑点，触角长，形态酷似蛾类，微型至小型，体翅多毛，翅常呈梭形，纵脉多。

毛蠓成虫

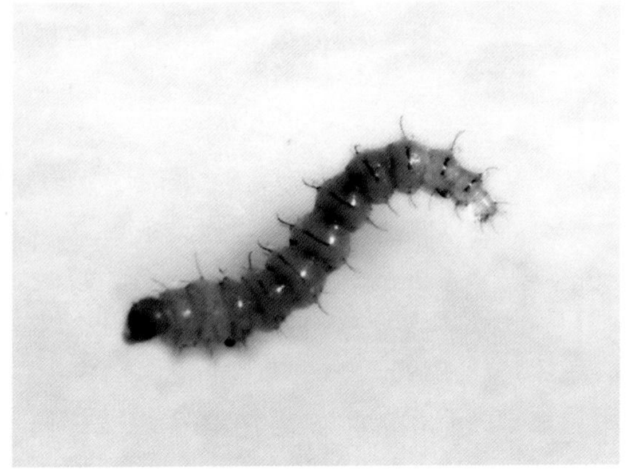

毛蠓幼虫

2.危害状　毛蠓是中高温期在食用菌培养基中生活的小蠓虫。被毛蠓幼虫取食后的培养基变黑，呈黏糊状并散发出臭味，被害处杂菌增多，无法出菇。

3.生活习性　当菇棚中温度达20℃以上，湿度达85%以上，出菇袋中培养料松散，水分过多，菌丝抗性下降时，较易引发毛蠓取食危害。幼虫常几十只群集一起取食，不易活动，就地化蛹，成虫微小不善飞翔，把卵产在基质腐烂处。当培养基干燥时幼虫易死亡，幼虫还能钻入木耳原基或耳片的缝隙处以及伞菌类的菌褶内部，影响菇体品质。

料中的蛹

毛蠓危害秀珍菇

4.防控方法 参照多菌蚊防控方法。

九、家蝇

家蝇（*Musca domestica* L.）属双翅目蝇科。

1.形态特征

（1）成虫。体长5 ～ 8毫米，灰褐色，复眼红褐色。雄蝇复眼在额部几乎接近，雌蝇两眼分离。胸部有4条等宽黑色纵纹，一对翅。腹部正中有黑色纵纹。

（2）卵。乳白色，呈香蕉形，长约1毫米。卵壳的背面有两条嵴，嵴间的膜最薄，卵孵化时壳在此处裂开，幼虫钻出。

（3）幼虫。或称蝇蛆，呈锥形，前端尖，后端钝圆，有明显的体节，通常为11节。1 ～ 3龄幼虫的体色逐渐由透明、乳白色变为乳黄色。初孵幼虫，体长约2毫米，3龄老熟幼虫体长8 ～ 12毫米。

（4）蛹。长椭圆形，长约6.5毫米，初化蛹时黄白色，几小时后变红褐色，羽化前呈黑褐色。

2.危害状 在培养料堆积发酵期间，家蝇成虫产卵于堆料中、幼虫群集于料面取食。在高温期覆土栽培的草菇、蘑菇等品种，当原基形成、菇蕾成长时，成虫产卵于菇体上，幼虫取食原基造成原基消失和腐烂，幼菇菇柄被蛀食，使菇体发黄、萎缩、倒伏。夏季草菇料发酵不彻底，虫子卵带入菇房，出菇时菇房内幼虫暴发，成虫也飞满菇房。夏季培养料拌料和装袋期间，在料内放入糖和麸皮，会吸引大量的家蝇成虫取食和产卵，家蝇也会钻入菌种瓶内产卵危害。

3.生活习性　气温上升至15℃以上时，成虫开始活动，在25 ～ 35℃家蝇快速繁殖，世代周期为10 ～ 15天。每只雌成虫产卵量达600 ～ 800粒。

4.防控方法

（1）发酵料应及时翻堆和进行二次发酵，利用发酵高温杀灭家蝇虫卵，并在培养料中加入25%除虫脲4 000倍液，可显著减少发酵期的蚊蝇产卵危害，并减少环境污染。

（2）发菌室宜封闭，用空调控温，遮光，防止家蝇飞入产卵危害。

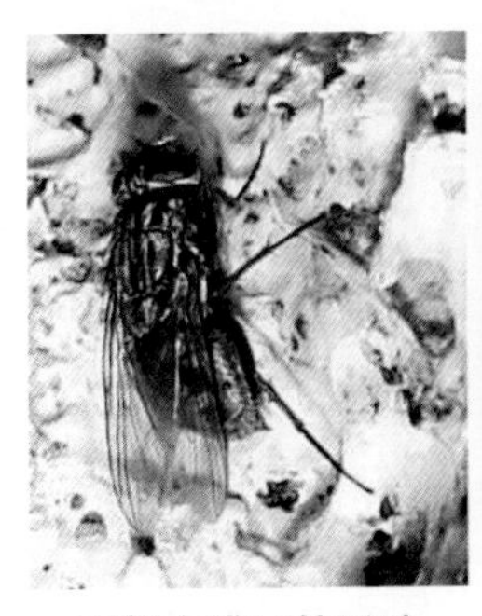

家蝇在袋口处活动

家蝇幼虫

家蝇蛹

十、异迟眼蕈蚊

异迟眼蕈蚊（*Bradysia difformi*）属眼蕈蚊科（或眼菌蚊科）。

1.形态特征

（1）成虫。雄虫体长1.4 ~ 1.8毫米，褐色，复眼黑色、裸露，无眼桥，触角16节，下颚须3节，有毛3 ~ 7根，翅灰褐色。腹部末端的尾器宽大，端节短粗。顶端钝圆有毛。雌虫体长1.6 ~ 2.3毫米，褐色。

（2）卵。乳白色，椭圆形。

（3）幼虫。蛆形，体长5 ~ 7毫米，乳白色，头部黑色。

（4）蛹。被蛹，褐色。

2.生活习性　此虫主要分布在北美和欧洲，我国的北京、河北、江苏、云南等省、直辖市。其幼虫危害双孢蘑菇、平菇、灰树花、茶树菇、秀珍菇等菌丝和子实体。

异迟眼蕈蚊在河北等地一年发生3 ～ 4代，雌虫产卵量为50左右，最大可达100粒，从产卵到羽化的发育历期约18天，雄虫比雌虫羽化早1～2天。幼虫共4龄，卵期为3～4天，幼虫期10～12天，蛹期为3～4天。一般在4月初至5月中旬为成虫羽化期，各代幼虫出现时间为：第一代4月下旬至5月下旬，第二代6月上旬至下旬，第三代7月上旬至10月下旬，第四代（越冬代）10月上旬至翌年4月底5月初。

3.防控方法 参照多菌蚊防治方法。

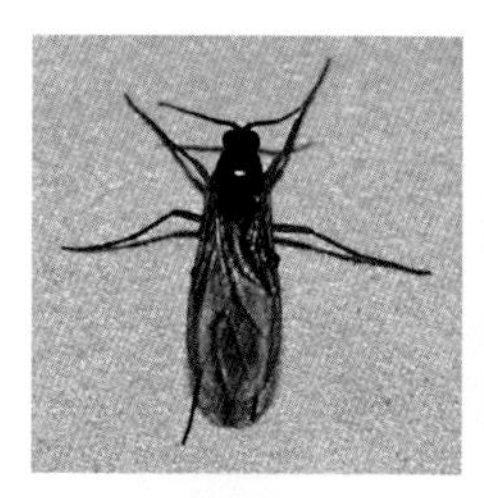

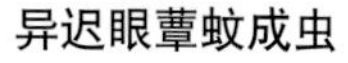

异迟眼蕈蚊成虫

异迟眼蕈蚊幼虫

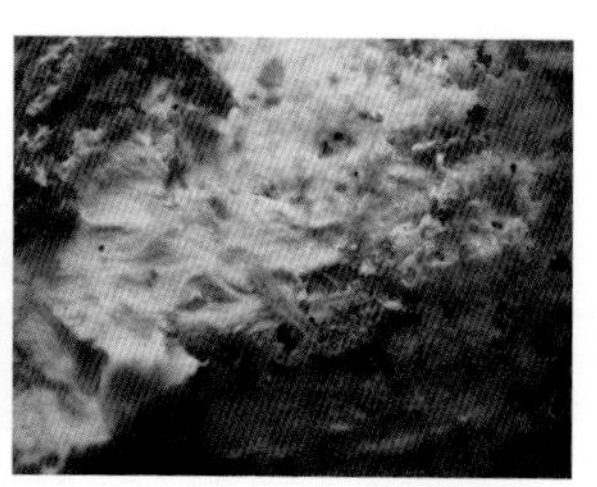

异迟眼蕈蚊危害平菇

第二节　鞘翅目害虫

鞘翅目通称甲虫，属有翅亚纲全变态类。多数种类属于世界性分布，如步甲、叶甲、金龟甲和象甲科的某些种类；少数种类主要分布于热带地区，至温带地区种类渐少，如虎甲、吉丁甲、天牛和锹甲科的某些种类；个别种类的分布仅局限于特定范围，如水生的两栖甲科仅分布于中国的四川、吉林和北美的某些地区。

形态特征：体小至大形。复眼发达，常无单眼。触角形状多变。体壁坚硬，前翅质地坚硬，角质化，形成鞘翅，静止时在背中央相遇成一直线，后翅膜质，通常纵横叠于鞘甲壳虫翅下。成、幼虫均为咀嚼式口器。幼虫多为寡足型，胸足通常发达，腹足退化。蛹为离蛹。卵多为圆形或圆球形。危害食用菌的害虫分布在拟步行虫科、露尾甲科、扁甲科、谷盗科、窃蠹科、花蚤科、隐翅甲科、吉丁甲科、大蕈甲科等。

一、黑光伪步甲

黑光伪步甲（*Ceropria induta* Booth ex Cox）又称鱼儿虫或黑壳子虫，属鞘翅目拟步行虫科。

1.形态特征

（1）**成虫**。成虫体长9 ～ 12毫米，长椭圆形，初羽化时黄白色，后变为蓝褐色。鞘翅具有青、蓝、紫多种色的金属光泽。

（2）**卵**。椭圆形，长0.8 ～ 0.9毫米，乳白色，表面光滑。

（3）**幼虫**。老熟幼虫体长9.5 ~ 12毫米，灰褐色，体背部有黑色圈。

（4）**蛹**。裸蛹，初化蛹为乳白色，后变为黄白色。

黑光伪步甲成虫

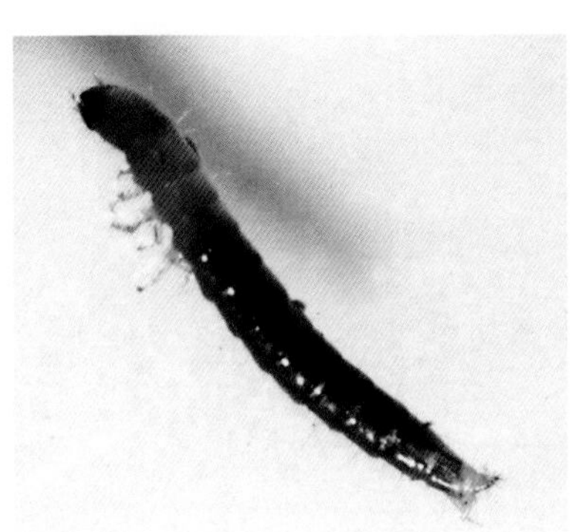

黑光伪步甲幼虫

2.危害状　黑光伪步甲在长江以北地区主要侵害段木栽培黑木耳，成虫和幼虫都能咬食生长期的耳片，被害后的耳片凹凸不平或被咬食成孔洞，并能取食贮藏期的黑木耳。在南方地区，成、幼虫主要咬食贮藏期的灵芝。灵芝菌盖被害后，形成中空的菌盖，菌盖内部充满绒毛状、似头发丝状的黑褐色粪便。

灵芝被害状

3.生活习性　黑光伪步甲在长江地区，一年发生1 ～ 2代，成虫自9月份开始在树洞、石缝或是干菇内越冬，4 ～ 6月出来继续取食和产卵。幼虫活动期5 ～ 11月份。雌成虫产卵量30 ～ 80粒。成虫善爬行，不善飞翔，受惊后有假死现象，有群集性，昼伏夜出。幼虫活动性大，食量大，一朵灵芝盖内有4 ～ 6只幼虫约10天即将菌盖食蛀一空。

4.防控方法

（1）保持菇房清洁干净，及时清除废料和表土层，铲除菇房周围杂草，减少成虫的越冬场所。

（2）保持耳杆清洁，防止烂耳现象，常检查耳杆和耳片是否有被害状，如发现有虫害，应及时防治。灵芝在收割时也要勤检查，发现有虫眼的灵芝要及时挑出，扒开菌盖，将虫体消灭。防止带虫贮藏。

（3）菇体生长期，发现成幼虫危害，及时用菇净1 000倍液喷雾，药后3天检查死亡率，如有少量虫体存活仍需用药防治。

二、脊胸露尾甲

脊胸露尾甲［*Carpophilus dimidiatus*（Fabricius）］又名米出尾虫和米露尾虫，属于鞘翅目露尾甲科。

1.形态特征

（1）成虫。体长2 ～ 3.5毫米。倒卵形至两侧近平行。表皮淡栗褐色至黑色，鞘翅有1淡黄色宽纹，自肩部斜至翅内缘端部。触角第二节远短于第三节。前胸背板横宽，近基部1/3最宽，侧缘弧形。两鞘翅合宽大于其长。前背折缘上的刻点粗而密，刻点间光滑。前胸腹板在两基节之间略隆起，无中纵脊。

（2）卵。长0.5 ～ 1毫米，宽0.2 ～ 0.3毫米，呈肾形；初产时乳白色，有光泽，表面光滑或略粗糙；卵壳薄而透明，随胚胎发育完成渐变为淡黄白色。

（3）幼虫。初孵幼虫0.3 ～ 0.5毫米，乳白色，透明；老熟幼虫体长5 ～ 6毫米，宽1 ～ 1.1毫米；淡黄白色，腹部肥大，表皮有光泽且具多量微小尖突。触角3节，短于头长，基部后方各有相连的色斑2个，色斑后方有单眼2个。上颚臼叶内缘有多量简单的弱骨化齿，下颚叶端部的刚毛尖长。第九腹节的臀突2个，近末端突然收缩，且臀突间狭而呈圆形。气门环双室状，各有骨化气门片，中胸气门位于前、中胸之间侧面的膜质部上，第一至八腹节气门位于背侧部，第一对气门位于腹节前部的1/3处，其余气门位于腹节中部。

（4）蛹。裸蛹，长2 ~ 3.5毫米，宽1 ~ 1.3毫米；乳白色，有光泽。胸、腹部多粗刺，粗刺上有微毛，头部隆起，有多量微毛，无粗刺。

脊胸露尾甲成虫

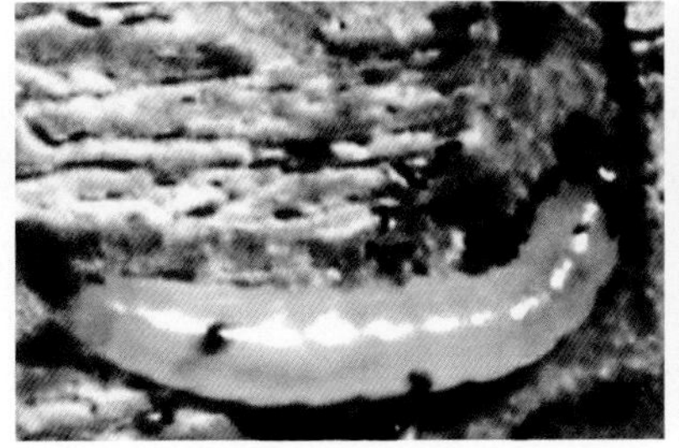

脊胸露尾甲蛹幼虫

脊胸露尾甲蛹

2.危害状 此虫分布广泛，世界各地均有发生。食性杂，幼虫蛀食多种贮藏期间的粮食、干果和食用菌干品，其中灵芝、香菇、木耳等食用菌均可被蛀食。蛀食子实体造成孔洞和隧道，并充满黑色柱状粪便。

3.生活习性 脊胸露尾甲在热带及亚热带地区一年发生5～6代，以成虫群集于菇体内或在仓库内隐蔽处越冬。每年的5～10月为活动盛期。越冬成虫多在3月份开始产卵，每只雌虫产卵175～225粒。幼龄幼虫咬食菇体外表，长大后蛀入菇体内部，可把菇体蛀空。室内饲养观察及实地调查数据表明，每代历期35～40天，卵历期3～5天，幼虫期18～20天，蛹期约8天。成虫夏季寿命63天，冬季200天。在夏季适宜时18天即可完成一代，冬季低温则需150～200天才可完成一代，世代重叠现象明显。成虫行动迟缓，但飞翔力较强，喜在黄昏时飞出仓外寻找食物，并能在田间生活。有趋光性、群居性和假死性。

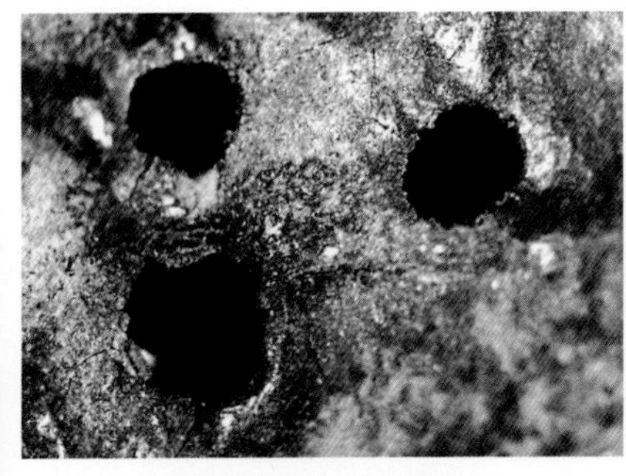

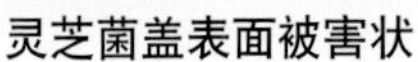

灵芝菌盖表面被害状

灵芝内部被害状

4.防控方法

（1）子实体采收后及时烘干包装，在烘烤后期温度控制在50 ~ 65℃，经5 ~ 7小时能将虫卵烘死。烘干后及时装入密封的容器内，既防潮又可防止成虫进入产卵。

（2）贮藏期发现虫害，将干品再次烘干，或放入零下5℃的冰箱7 ~ 10天，各虫态均被冻死。

三、锯谷盗

锯谷盗［*Oryzaephilus surinamensis*（Linnaeus）］属鞘翅目锯谷盗科。

1.形态特征

（1）成虫。扁长椭圆形，深褐色，长2 ~ 3.5毫米，体上被黄褐色密的细毛。头部大三角形，复眼黑色突出，触角棒状11节；前胸背板长卵形，中间有3条纵隆脊，两侧缘各生6个锯齿突；鞘翅长，两侧近平行，后端圆；翅面上有纵刻点列及4条纵脊，雄虫后足腿节下侧有1个尖齿。幼虫扁平细长，体长3 ~ 4毫米，灰白色，触角与头等长，3节，第三节长度为第二节的2倍，胸足3对，胸部各节的背面两侧均生有1个暗褐色近方形斑，腹部各节背面中间横列褐色半圆形至椭圆形斑。

（2）幼虫。体长4 ~ 4.5毫米，细长筒形，灰白色。

（3）卵。长约0.57毫米，椭圆形，一端稍细且弯曲。

（4）蛹。体长约3毫米，雌蛹的肉刺为3节，雄蛹为2节。

2.危害状　锯谷盗发生面广、世界各地均有发现。杂食性强，其成虫和幼虫均能蛀食食用菌干品和粮食、药材等。食用菌被蛀食后造成破碎和孔洞，失去商品性。

3.生活习性　温度15 ~ 35℃是成虫和幼虫活动期，25 ~ 30℃时完成一代为20 ~ 30天。南方地区一年发生4 ~ 5代，北方地区一年发生2 ~ 3代。成虫在仓库缝隙或菇体内越冬。每只雌成虫可产卵50 ~ 300粒。雌成虫期一般为6 ~ 10个月，幼虫期12 ~ 75天，蛹期6 ~ 12天，卵期3 ~ 7天。锯谷盗的危害程度随着被取食物的含水量增加而加大。在温度30℃及相对湿度80%的条件下，整个世代周期缩短，代数增加，危害程度加重。其成、幼虫的抗药性很强，一般药剂难以杀死。

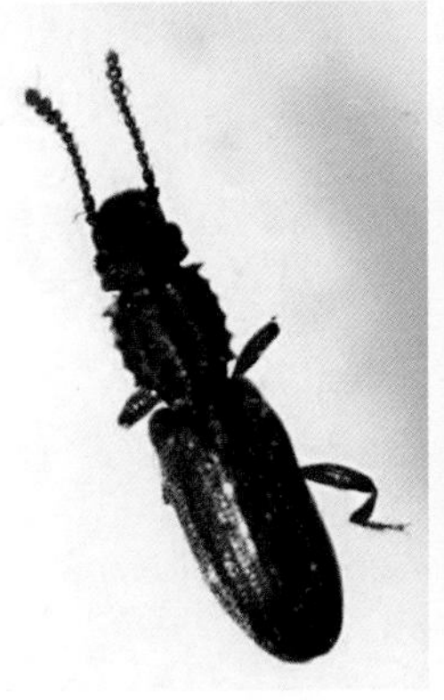

锯谷盗成虫

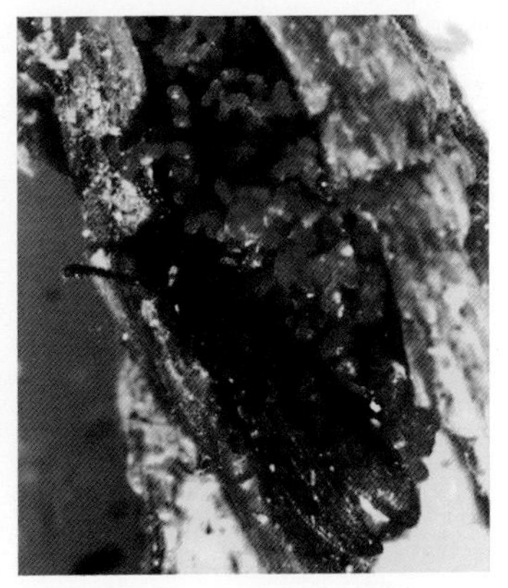

锯谷盗在菇柄中的危害状

4.防控方法 参照脊胸露尾甲的防控法。

四、土耳其扁谷盗

土耳其扁谷盗［*Cryptotesres turcicus*（Grouvelle）］属鞘翅目扁甲科。

1.形态特征

（1）成虫。体长扁形，雄虫体长1.62～2.71毫米；雌虫体长1.5～2.1毫米。全体赤褐色，有显著光泽。头部唇基前缘近圆形；复眼圆形，黑色，较突出；触角11节，丝状细长，胫节末端较膨大。前胸背板近方形，前缘角稍带圆形，后缘角较尖。雄虫跗节5—5—4式；雌虫跗节6—5—5式。

（2）卵。长0.4～0.5毫米，椭圆形，乳白色。

（3）幼虫。老熟幼虫体长3.5～4.5毫米，长形，触角3节，前胸腹面具丝线1对，端部略向内弯，顶端具长刚毛，毛端略弯。

（4）蛹。长2毫米左右，淡黄白色。

2.危害状 幼虫和成虫均能蛀食香菇、草菇等干品，还蛀食谷物等。危害后造成菇体孔洞，破碎失去其商品性。

3.生活习性 视各地区温度变化，每年发生3～6代，以成虫在取食的物品中越冬。成虫产卵于食物中，雌成虫产卵量20～80粒。老熟幼虫用蛀食的粉屑做成薄茧化蛹。此虫为高温性害虫，在温度32℃、湿度90%时一代周期只需28天；而在21℃以下需80 ~ 100天。

4.防控方法 参照脊胸露尾甲防控方法。

土耳其扁谷盗成虫

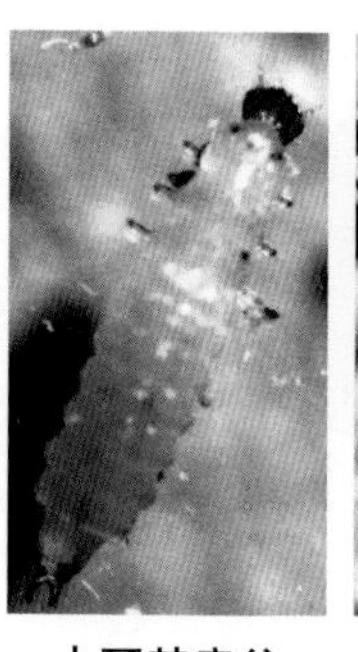

土耳其扁谷盗幼虫

香菇菌褶被害状

五、窃蠹

窃蠹（*Lasioderma serricorne*）属鞘翅目窃蠹科。

1.形态特征

（1）成虫。体长2 ~ 6毫米；红或黑褐色；卵圆形，体表具半竖立毛；头部被前胸背板覆盖；触角9 ~ 11节，端部3节明显膨大；上颚短宽，三角形；上唇明显，但非常小；前胸背板前端圆，后缘弧形相连；鞘翅具明显的纵纹；足细长，前足基节窝开放，基前转片外露，后足基节横宽，具沟槽，可纳入腿节；跗节5—5—5式；腹部可见5节。

（2）卵。长椭圆形，长约0.5毫米，淡黄色。

（3）幼虫。蛴螬型，触角2节，腹部各节背面具横的小刺带。

（4）蛹。椭圆形，长约3毫米，乳白色。前胸背板后缘两侧角突出。复眼明显。

2.危害状 以幼虫和成虫蛀食多种食用菌干品和粮食干品，危害食用菌干品造成孔洞，严重时内部被蛀空，只剩粉末。

3.生活习性 在灵芝干品中常年发现成虫和幼虫侵害。在温度5 ~ 35℃，成虫和幼虫均能取食危害。窃蠹是近年来灵芝干品中的主要害虫。

4.防控方法 参照脊胸露尾甲防控法。

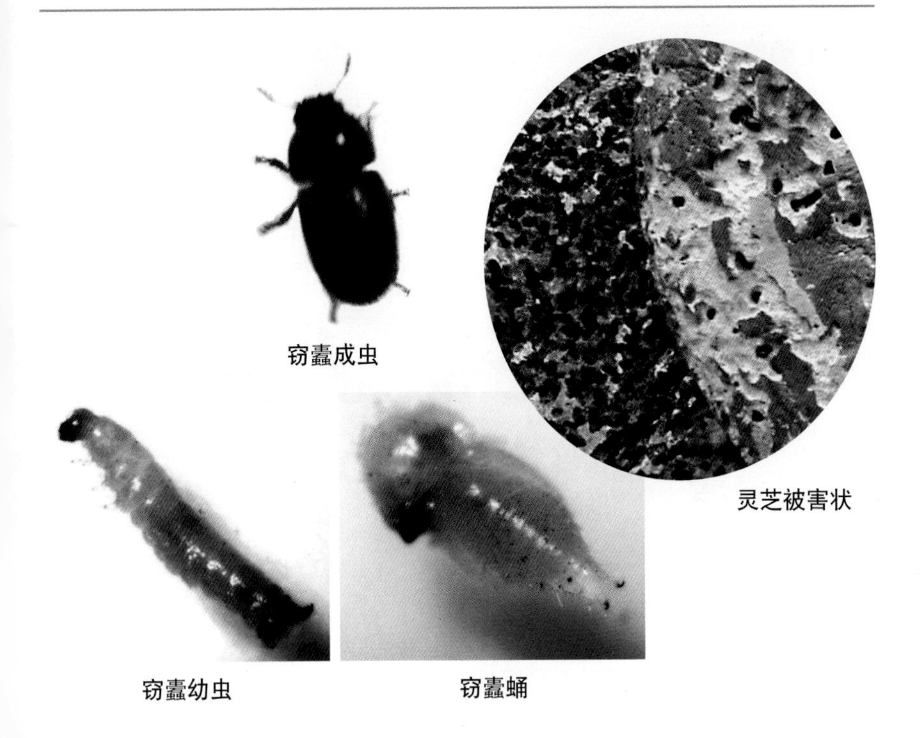

窃蠹成虫

灵芝被害状

窃蠹幼虫

窃蠹蛹

六、食菌花蚤

食菌花蚤（*Mordellistena* sp.）属鞘翅目花蚤科。

1.形态特征

（1）成虫。体型小，近似长椭圆形。体长平均为2.1毫米，体宽1.8毫米。体暗色、赤褐色或栗褐色；触角、下唇须、下颚须及足均为淡褐色或棕黄色。体背及腹面密生灰白色短绒毛，尤以背面绒毛较多。

（2）幼虫。一般圆筒状，或短或粗壮，5～16毫米，通常短于10毫米；白色，有足。

2.危害状　食菌花蚤是夏季高温时期侵害食用菌的甲虫。成虫群集于菇体表面，咬食菇体、培养基和菌丝，咬食菇盖造成孔洞和缺刻。近年发现覆土栽培食用菌在初夏期常遭食菌花蚤危害，如球盖菇、灵芝、平菇等，在毛木耳菌袋上也发现有食菌花蚤危害菌丝和耳片。

3.生活习性　在温度20～30℃、大棚内湿度在85%以上，尤其是光线较暗的大棚内，成虫群集量较多，受惊后成虫迅速逃离。

4.防控方法

（1）适当降低菇棚内空气湿度，提高光照强度，能有效地降低花蚤的危害。

（2）发现虫害及时用菇净1 000倍液喷雾能及时驱除成虫，杀死幼虫。

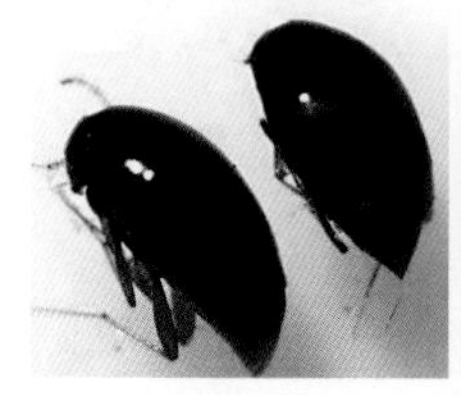
食菌花蚤成虫

灵芝被害状

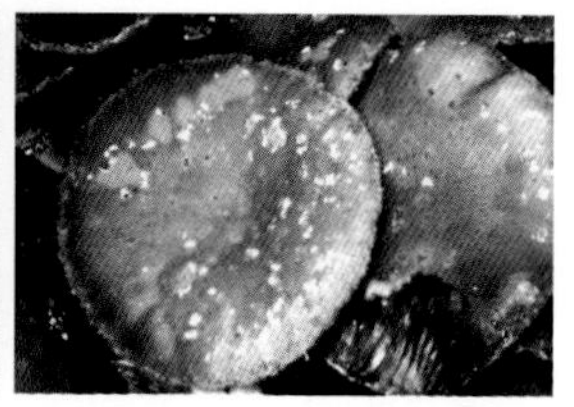
球盖菇被害状

七、黄斑露尾甲

黄斑露尾甲（*Carpophilus hemipterus*）属鞘翅目露尾甲科。

1.形态特征

（1）成虫。身体长卵形，长2～4毫米，赤褐色，多细毛，有光泽。触角11节，末端3节明显膨大而呈球状。鞘翅短，不全部盖住腹部，腹部末端有2节外露，故有露尾甲之名。在鞘翅基部和端部两侧各有黄色或黄红色的斑纹，因此取名为黄斑露尾甲。

（2）卵。长椭圆形，长约1毫米，乳白色，半透明，表面粗糙。

（3）幼虫。长约3毫米。幼虫期约10天。

（4）蛹。长约3毫米，乳白色，有光泽，身上有许多刺。

2.危害状　以幼虫蛀食菌丝，被蛀食的菌丝体形成隧道，幼虫排出的粪便造成菌袋污染和报废。

3.生活习性　黄斑露尾甲分布广泛，除个别省区外，我国均有分布。成虫咬破菌种袋进入袋内取食菌丝并产卵于菌丝体中，幼虫取食菌丝，在25℃恒温下幼虫期达60天以上，蛹期10～15天，成虫期70天以上。成虫善飞，每年发生数代，如冬天的温度适宜，仍可继续活动并进行繁殖；温度降低时以老熟幼虫、蛹或成虫越冬。田野的树皮、土壤表层之下以及仓库等处都是越冬场所。

4.防控方法

（1）加强菌种房卫生管理，定期在菌种房内喷500～1 000倍液菇净以杀死外来虫源。菌种房保持干燥、密封，减少人员进出次数，防止菌袋在菌种房内出菇。

（2）发现有害虫菌袋要及时拣出处理，防止害虫在室内繁殖。

露尾甲成虫　　露尾甲幼虫

八、隐翅甲

隐翅甲（*Oxytelus batiuculus*）属鞘翅目隐翅甲科。

1.形态特征

（1）**成虫**。体长0.5 ～ 23毫米，黑色，体狭长，鞘翅很短，后翅大，纵横折叠完隐藏于鞘翅下，腹部的6 ～ 7节露出。

（2）**幼虫**。体细长，除无翅外，形似成虫。

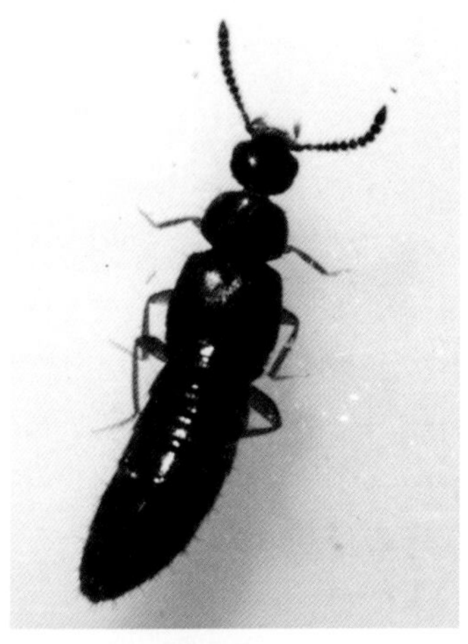

隐翅甲成虫

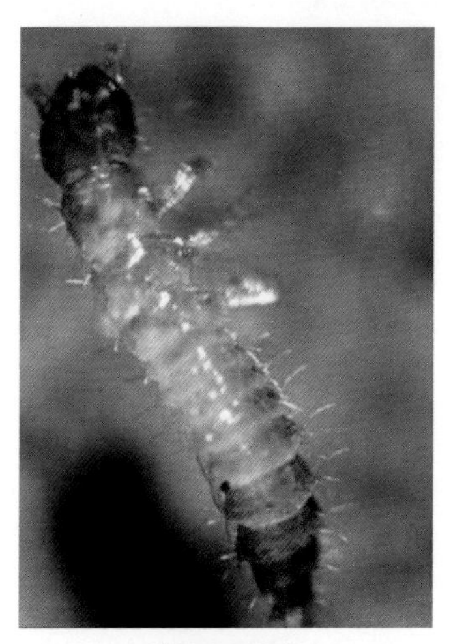

隐翅甲幼虫

2.危害状 成虫和幼虫食性杂，能咬食菌丝、菇体或咬食基质内的跳虫和菇蚊幼虫。成虫活动性强，在菌袋和菇床上迅速爬行。6～9月的高温期是隐翅甲的活动盛期。

3.防控方法 参照食菌花蚤防控法。

九、凹黄蕈甲

凹黄蕈甲（*Dacne japonica* Crotch）又名细大蕈甲、凹赤蕈甲。属鞘翅目大蕈甲科。

1.形态特征 成虫体长3～4.5毫米，长椭圆形，有光泽。头部黄褐色，触角11节，褐色。复眼大，圆球形。前胸背板宽大于长，黄褐色，中间较深。鞘翅基内缘各有1对方形黑斑，鞘翅基半黄褐色，端部黑色。足黄褐色，较细。自肩角斜向中缝有红黄色斑纹相接，且红黄色斑纹在鞘翅背几乎形成凹字形，故名凹黄蕈甲。幼虫初孵化长0.8毫米，老熟5～6毫米，黄白色，头部棕褐色，足淡黄色。

2.危害状 成虫和幼虫食性杂，能咬食多种食用菌和其他食物。成虫危害段木和代料栽培的香菇、灵芝和木耳等品种，成虫从段木裂缝或孔洞边缘啃食菌丝体，子实体发生后转移到菌柄和菌盖上取食。幼虫多从表皮蛀入木质部或菌袋内，纵横交错地蛀食菌丝体和子实体，形成弯曲的孔道，对食用菌的产量和品质影响很大。

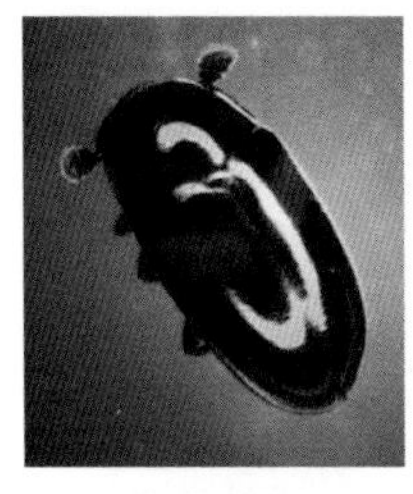

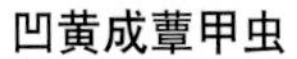

凹黄成蕈甲虫

凹黄成蕈甲幼虫

香菇被害状

3.生活习性 一年发生2代，在室内可发生3～4代，以老熟幼虫和成虫越冬。4月上旬开始活动，4月中旬至5月下旬产卵。成虫有假死性，喜群居，5月下旬至6月孵化为幼虫，6月下旬化蛹，7月下旬羽化为成虫，8月中旬交尾产卵。

4.防控方法

（1）做好栽培场所的卫生，铲除菇棚周边杂草，减少虫害中间寄主。

(2) 发现有凹黄蕈甲的子实体，放入5℃以下冷库3 ~ 5天，能将害虫冻死。

(3) 带虫的段木或子实体可用磷化铝密封熏蒸杀虫。

十、弯胫大粉甲

弯胫大粉甲（*Promethis valgipes*）属于鞘翅目拟步甲科大轴甲属。

1.形态特征

(1) 成虫。体长2.1 ~ 2.4毫米，宽7 ~ 8毫米。长卵形，中大型，黑色，触角、下唇和口须栗色，背面有弱光泽，腹部有较强光泽。上唇梯形，前缘被毛，布稠密刻点；唇基前缘直截，前颊弯圆，后颊端两边缘急收缩，而基部两边缘较平行。眼部最宽；头背面扁平，前面有稀疏、后面有粗大刻点。触角长达前胸中部，基节光亮，余节昏暗并被短毛，但雌性毛少；第三、四、五节圆柱形，第三节最长，第六、七节内侧略突出，第八、九节长略大于宽，末节粗大扁卵形。前胸背板近正方形，宽略大于长，四周围以边框、框后缘和前缘中部较粗；后缘弯曲；前角钝圆，后角直角形；背中线宽凹，两侧凹入，布模糊浅圆刻点。小盾片三角形，有粗刻点。鞘翅中部纵向隆起，前缘突起，其后扁凹；胫节端部被金黄色短毛，跗节下侧具毛垫。

(2) 卵。长0.8 ~ 1毫米，宽0.3 ~ 0.4毫米，乳白色，近长椭圆形，有光泽，表面光滑。

(3) 幼虫。老熟幼虫体长40毫米左右，乳白色，头壳色微深，上颚红褐色，前胸背板宽大，有乳黄色小刻点，中、后胸背面各有一条波浪状红褐色横膜。腹部各节前缘有乳黄色刻点，后缘乳黄色。

(4) 蛹。体长25毫米，宽8毫米，淡黄褐色，体向腹面弯曲，头部复眼及上颚紫褐色。腹背有明显的褐色背中线，1 ~ 8腹节两侧各有一脊状突起，其中1、7、8节的突起上有角状刺突2 ~ 3个，其余各节的突起上有角状刺突4个；腹末有1对上翘的臀棘。鞘翅芽伸达第四腹节。

2.危害状　低龄幼虫在段木木质部表层蛀食，容易造成树皮脱落。长大后逐渐沿段木纵向向木质部内层蛀食形成洞道，其中充满木屑和虫粪。喜食栽培2 ~ 3年后长满菌丝的香菇段木，第一年接种的段木菌丝未发满，受害较轻。老熟幼虫化蛹前在蛀道内做蛹室。虫子口密度大时常有一室多蛹。

成虫羽化时体乳白色，逐渐变为棕黄色，直至变为黑色时才开始活动。沿蛀道爬出段木，寻找子实体取食，造成菌盖缺刻或咬断菌柄。无子实体时取食菌丝体和长有菌丝的段木。白天在阴暗处活动，有假死现象。越冬期有群集现象，成虫聚集时交尾。

3.生活习性 弯胫大粉甲在河南一带两年发生1代，不同龄期的幼虫和成虫均可越冬。越冬的老熟幼虫多于第二年5月中旬开始在蛀道内做蛹室化蛹，5月下旬开始羽化。羽化后成虫不交尾只取食危害，越冬后于第二年6月才开始交尾、产卵。卵期一般6 ~ 10天。幼虫期很长，约390天。蛹期一般11 ~ 18天。成虫期最长，约480天。产卵多选择在段木的接种穴和树皮裂缝近木质部处，散产。卵期 6 ~ 10天。

这些甲虫类害虫生命周期较长，生活隐蔽，主动迁移扩散能力多数在数百米远。一旦在一个生境定居成功，种群数量就会持续稳定增长，到一定时候暴发成为毁灭性的灾难。

弯胫大粉甲成虫

弯胫大粉甲幼虫

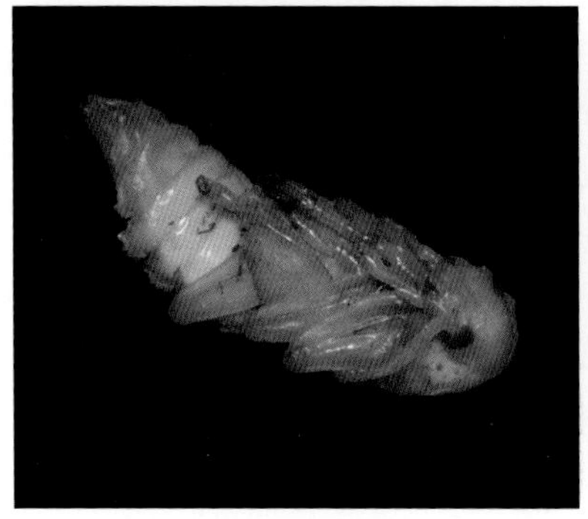

弯胫大粉甲蛹

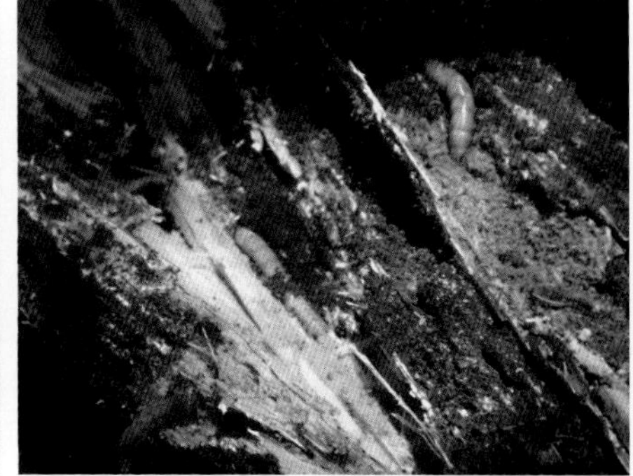

香菇被害状

4.防控方法

（1）清洁菇场。保持菇场清洁、通风、透光，可降低该虫发生量，新段木接种后单独培养，不进入老菇场以防止成虫产卵。旧段木虫量大，需及时清理并焚毁处理。

（2）人工捕杀。在6～8月成虫活动频繁时期，于清晨和傍晚时间，结合采菇、翻堆或浇水时注意捕杀成虫。发现幼虫危害较重的段木清除出菇场烧毁。

（3）糖醋诱杀。成虫对糖醋有趋性，用糖：醋：酒为1：0.5：1.5、敌百虫0.3份、水8～10份配成诱杀液，装于盆罐中，挂在离地1米高处诱杀。

（4）药剂防治。在成虫危害和幼虫孵化盛期的6～8月，在没长菇时对段木表面喷施低毒药剂，杀灭出孔盛期的成虫。可用菊酯类农药，2.5%溴氰菊酯（敌杀死）、2.5%三氟氯氰菊酯（功夫）、5%高氰戊菊酯（来福灵）、5%高效氯氰菊酯（高效灭百可）、20%氰戊菊酯（速灭杀丁）、20%甲氰菊酯（灭扫利）1 000倍液；40%菊马合剂、20%菊杀乳油和25%菊乐合剂 2 000倍液；10%吡虫啉2 000倍液。隔5～7天喷1次，每次喷透，使药液沿树干流到根部。

（5）杀除蛀道内幼虫。在7～9月正是处于幼虫危害期，找到新排粪的蛀虫孔。先挖去粪屑，将药剂塞入或注入蛀道内，随即用湿黏土或湿黄泥将孔口封严，过7～10天检查效果，如有新粪便排出孔应进行补治。所用药剂的种类及方法有：塞卫生球（樟脑丸），在虫道内塞入黄豆大小的卫生球2～4粒（预先切成25～30个小块）；塞56%磷化铝片剂。磷化铝吸水后会放出剧毒的磷化氢气体，对蛀道内幼虫有强烈的熏蒸作用。磷化铝的片剂每片为3克，视蛀孔大小和深浅，每孔用镊子塞入1/10～1片。防治连片虫孔时，修理树干表面的老皮和突起，使之平滑，用农用薄膜包好，每平方米放药片2～3片，然后扎紧薄膜。由于磷化铝对人畜高毒，因此必须注意安全。

第三节　鳞翅目害虫

本目包括蛾、蝶两类昆虫，属有翅亚纲全变态类。绝大多数种类的幼虫危害各类栽培植物，体形较大者常食尽叶片或钻蛀枝干。体形较小者往往卷叶、缀叶、结鞘、吐丝结网或钻入植物组织取食危害。成虫多以花蜜等作为补充营养，或口器退化不再取食，一般不造成直接危害。形态特征：体形小至大。成虫翅、体及附肢上布满鳞片，口器虹吸式或退化。幼虫蠋形，口器咀嚼式，身体各节密布分散的刚毛或毛瘤、毛簇、枝刺等，有腹足2 ~ 5对，以5对者居多，具趾钩，多能吐丝结茧或结网。蛹为被蛹。卵多为圆形、半球形或扁圆形等。危害食用菌的害虫分布在谷蛾科、夜蛾科和螟蛾科3个科。

一、食丝谷蛾

食丝谷蛾（*Hapsitera barbata* Christoph）属鳞翅目谷蛾科，又名蛀枝虫。

1.形态特征

（1）成虫。体长5 ~ 7毫米，展翅14 ~ 20毫米。体灰白色；触角丝状，头黑色，密具白毛；复眼发达，黑色，内侧各有一丛浅白色隆毛；下颚须3节，第二节粗而长，具鳞毛。前胸背板暗红色，密被灰白色鳞毛；前翅具3条不规则的横带，后翅缘毛显著；胸部腹面暗红色，具灰白色鳞毛；足浅黄色，着生鳞毛和长毛；前足胫节末端具1距，中、后足胫节末端具2对长距；腹部7节，每节后缘密被鳞毛。

（2）卵。乳白色至淡黄色，圆球或近圆球形，光滑透明，直径0.5毫米左右。

（3）幼虫。初孵幼虫体长0.4 ~ 0.8毫米，乳白色或淡黄色。老熟幼虫18 ~ 23毫米，头部棕黑邑，中、后胸背板浅黄邑。胸足3对，腹足5对。腹足趾钩列为二横带式。

（4）蛹。被蛹，棕黄色。头部及翅芽黑棕或深棕色。蛹长9 ~ 11毫米，宽2毫米左右。每节的前缘和中部各有一横列粗刺，后缘具一横列细刺。

2.危害状　食丝谷蛾在北方地区主要蛀食段木黑木耳、白木耳及香菇段木培养基，近年在江苏一带发现在段木灵芝、蜜环菌棒、代料灵芝和平菇的培养基及菇体上取食危害。在覆土灵芝上，食丝谷蛾钻蛀芝体，将粪便排到灵芝盖上，芝内容物被食空只剩下外壳。食丝谷蛾蛀食平菇和培养基，钻入培养袋咬食培养基和菌丝，将菇袋蛀成隧道，并将粪便覆盖在表面形成一条条黑色的蛀道。虫口密度大时每袋有5 ~ 10条幼虫，对食用菌产量造成很大的损失。

3.生活习性　食丝谷蛾在江苏一带一年发生2代。越冬幼虫在3月份活动，取食出菇期菌袋，7 ～ 8月份出现第二代成虫，8 ～ 10月是第二代幼虫危害高峰期，因此，在同一大棚连续排袋出菇的菌袋在8 ～ 10月受害最重。在温度下降至11℃以下时，幼虫开始吐丝与粪便、培养基黏合一起做茧；当温度回升到14℃时幼虫又开始取食。14 ～ 30℃是谷蛾活动时期，平均温度25℃时，相对湿度80%，卵期7 ～ 8天，幼虫期45 ～ 48天，蛹期17 ～ 20天，成虫期7 ～ 9天。雌虫产卵70 ～ 120粒。成虫将卵产在培养基表面和袋口处，初孵化的幼虫能迅速爬入菌袋内蛀食菌丝和培养基，幼虫的群集性较强，能在同一袋中出现多条虫体。幼虫常聚集出菇口取食，致使原基和菇蕾被食空，无法出菇，随后粪便污染而引发杂菌侵害，导致出菇袋报废。

4.防控方法

（1）及时清除越冬期废弃菇袋，消灭越冬虫源。

（2）药剂防治。掌握成虫羽化期和幼虫孵化期用药，提高杀虫效果。用1 000倍液菇净喷雾，从羽化或孵化期的初期至末期的10 ～ 20天内用药2 ～ 4次，能有效地降低当代成、幼虫数量，和下一代虫源，降低危害程度。

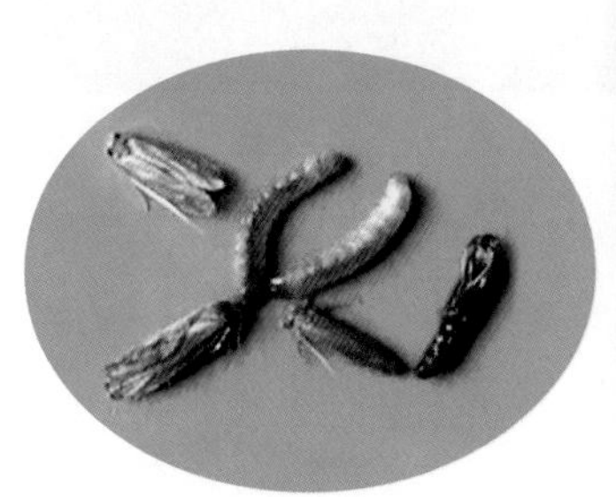

食丝谷蛾各虫态

幼虫取食平菇菌丝

紫芝被害状

二、夜蛾

夜蛾属鳞翅目夜蛾科。危害食用菌的夜蛾有平菇尖须夜蛾（*Bleptina* sp.）和平菇星狄夜蛾（*Diomea cremeta* Butler）。

1.形态特征

（1）成虫。体长11毫米，翅展25 ～ 26毫米，雄蛾暗紫褐色，雌蛾暗褐色。触角丝状，各节基部暗褐，端部灰白，各节两侧端均具1个细刺，下唇须向上，灰黑色，基节小；第二节甚大，第三节细小，第三节基部和端部白色；头部、胸部和腹部第一、二节背面均有厚密鳞毛丛，雄蛾这些鳞毛丛尤为发达；雄蛾腹部末节后缘和一对抱器上也各有长鳞毛丛，钩形突显露。雄蛾翅紫黑褐色，有光泽，杂有黄色细鳞；雌后翅散布黄鳞较多，翅面黑纹明显，前后翅均散布有黄色乃至白色斑纹和点列。

（2）卵。橘子形，菜绿色，后期转为黄褐色，卵表有隆起纵脊40余条，其中达到顶部的只10余条，纵脊间有20多条细密的横脊相连。

（3）幼虫。末龄幼虫体长25 ~ 30毫米。头部黑褐色，有光泽，侧单眼黑褐色，头颅两侧毛基周围淡黄色，两侧各呈现6个淡黄斑。

（4）蛹。体长11 ~ 13毫米，红褐色，胸部腹面的翅芽和足肢常暗绿色。体表有少许刻点，头顶纵脊两侧刻点密布，腹末有短刺2对。

夜蛾成虫

夜蛾幼虫

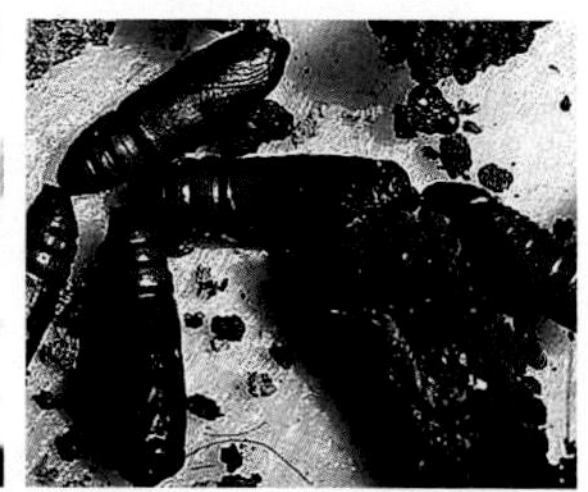
蛹与用排泄物做成的茧

2.危害状 平菇尖须夜蛾以平菇菌丝和菇体为食。而星狄夜蛾杂食性强，能以多种食用菌为食物。如幼虫咬食平菇子实体，将菇片咬成缺刻、孔洞并污染上粪便，在无菇可食时，幼虫咬食菌丝和原基，使菌袋无法出菇。幼虫群集在灵芝的背面，咬食芝肉，形成凹槽、缺刻，幼小的灵芝常被食尽菇盖，剩下光柄。夜蛾常在7 ~ 10月份暴发，对高温期栽培的食用菌产量和质量造成很大的损失。

3.生活习性 江、浙、皖一带5 ~ 6月出现第一代幼虫，主要侵害平菇和灵芝子实体；第二代幼虫发生在7 ~ 8月份，以取食灵芝为主；第三代在9 ~ 10月份，以取食平菇为主。以蛹的形式越冬。翌年温度上升16℃以上时，成虫开始产卵于培养料和菌盖上。幼虫5龄，3龄后进入暴食期。幼虫期12 ~ 15天，蛹期12 ~ 18天，卵期4 ~ 6天，成虫期4～12天。幼虫喜高温，在温度30～37℃的大棚内均能正常取食。

4.防控方法　在夜蛾危害时期，要常检查菇体的背面，在量少时用人工捕捉。量大时用1 000倍液菇净喷雾，用药一次就可杀死当代幼虫。

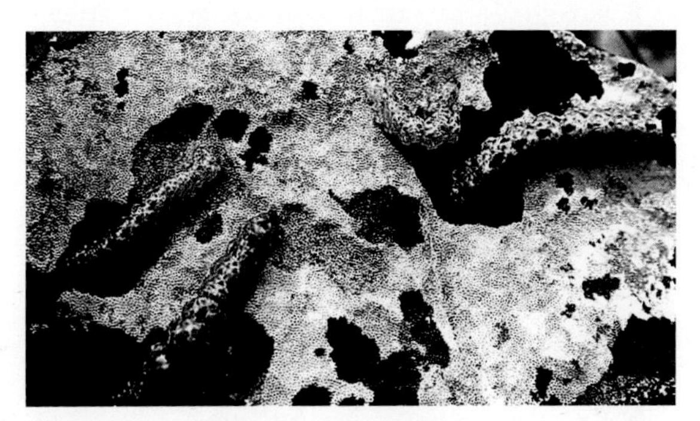

灵芝菌盖背面被害状

三、印度螟蛾

印度螟蛾也称印度谷螟［*Plodia interpunctella*（Hübner）］属鳞翅目螟蛾科。

1.形态特征

（1）成虫。雌虫体长5～9毫米，翅展13～16毫米，雄虫体长5～6毫米，翅展14毫米。头部灰褐色，头顶复眼间有一伸向前下方的黑褐色鳞片丛。下唇须发达伸向前方。前翅狭长，并带有铜色光泽。后翅灰白色，半透明。

（2）卵。椭圆形，长约0.3毫米，乳白色，一端尖，表面粗糙，有许多小粒状突起。

（3）幼虫。老熟幼虫体长10～13毫米，淡黄白色，腹部背面带淡粉红色，头部黄褐色，每边有单眼5～6个。前胸盾及臀板淡黄褐色。颅中沟与额沟长度之比为2:1。腹足趾钩双序中全环。雄虫第八腹节背面有1对暗紫色斑点。

（4）蛹。体长约6毫米，细长形，橙黄色。腹末着生尾钩8对，其中以末端近背面的2对最长。

2.危害状　以幼虫蛀食多种食用菌干品，造成菇体孔洞，缺刻、破碎和褐变。菇体上充满臭味的粪便。幼虫还取食多种食物的干品、糖果等食品。

3.生活习性 年发生4 ~ 8代，适宜温度为24 ~ 30℃，高于30℃时，完成一代约40天，其中幼虫期20 ~ 25天，蛹期7 ~ 10天，卵期2 ~ 10天，成虫期8 ~ 14天。雌虫产卵150多粒，卵产在菌盖上或菌褶中。初孵化幼虫蛀食菌盖，后钻入菌褶中危害。老熟幼虫在包装物、仓库角落结茧化蛹越冬。

4.防控方法 参照脊胸露尾甲防控方法。

印度螟蛾成虫

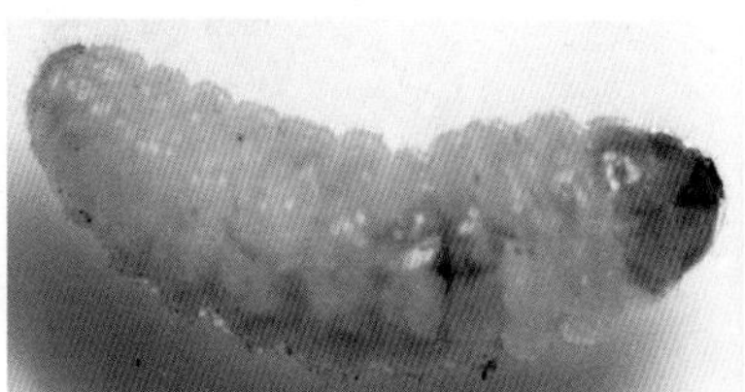

印度螟蛾幼虫

印度螟蛾幼虫危害状

四、地老虎

危害食用菌种类的有黄地虎（*Agrotis segetum* Schiffer-muller）、小地老虎（*Agrotis ypsilon* Rottemberg）和大地老虎（*Agrotis tokionis* Butler）。属鳞翅目、夜蛾科。

1.形态特征

（1）黄地老虎。成虫体长14 ~ 19毫米，翅展32 ~ 43毫米；前翅黄褐色，肾状纹的外方无黑色楔状纹。卵半球形，直径0.5毫米，初产时乳白色，以后渐现淡红斑纹，孵化前变为黑色。老熟幼虫体长32 ~ 45毫米，淡黄褐色；腹部背面的4个毛片大小相近。蛹体长16 ~ 19毫米，红褐色。

(2) **小地老虎**。成虫体长16 ~ 23毫米，翅展42 ~ 54毫米；前翅黑褐色，有肾状纹、环状纹和棒状纹各一，肾状纹外有尖端向外的黑色楔状纹，与亚缘线内侧2个尖端向内的黑色楔状纹相对。卵半球形，直径0.6毫米，初产时乳白色，孵化前呈棕褐色。老熟幼虫体长37 ~ 50毫米，黄褐至黑褐色；体表密布黑色颗粒状小突起，背面有淡色纵带；腹部末节背板上有2条深褐色纵带。蛹体长18 ~ 24毫米，红褐至黑褐色；腹末端具1对臀棘。

(3) **大地老虎**。成虫体长20 ~ 23毫米，翅展52 ~ 62毫米；前翅黑褐色，肾状纹外有一不规则的黑斑。卵半球形，直径1.8毫米，初产时浅黄色，孵化前呈灰褐色。老熟幼虫体长41 ~ 61毫米，黄褐色；体表多皱纹。蛹体长23 ~ 29毫米，腹部第四至七节前缘气门之前密布刻点。

2.危害状　地老虎侵害天麻、茯苓和灵芝等覆土栽培类药用菌。幼虫咬食天麻仔粒或茯苓菌块，造成孔洞和缺刻。幼虫咬断蜜环菌菌索，切断天麻养分来源，造成死麻和烂麻。幼虫咬食灵芝菇蕾，造成畸形菇和死菇。

地老虎成虫

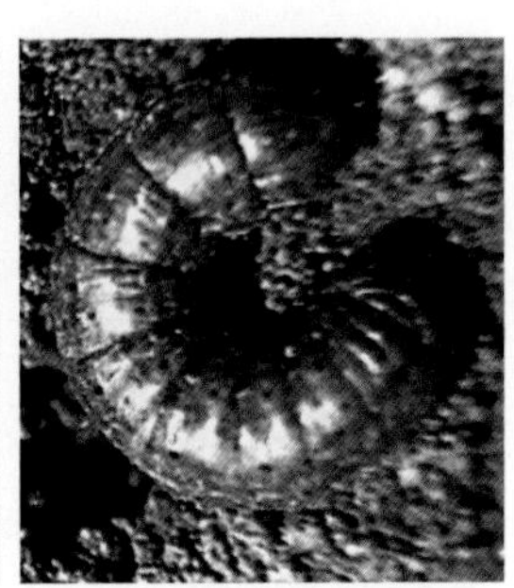

地老虎幼虫

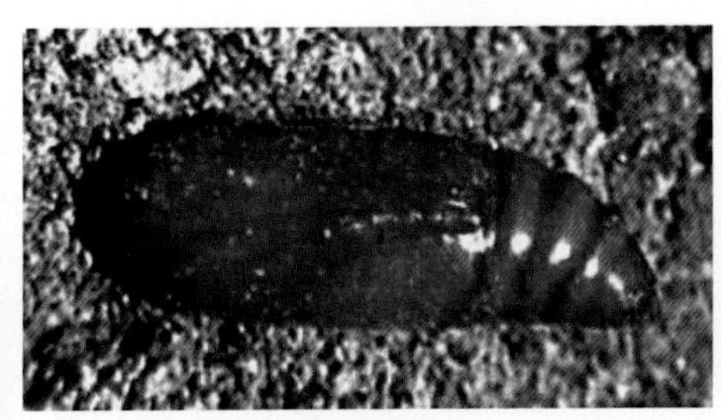

地老虎蛹

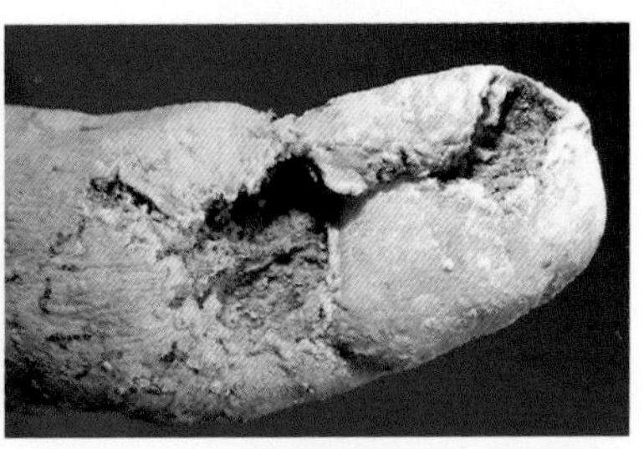

天麻被害状

3.生活习性 长江流域，地老虎年发生代数5～6代。以老熟幼虫、蛹及成虫越冬。每雌产卵800～1 000粒。成虫对黑光灯及糖醋酒等趋性较强。幼虫食性杂，昼伏夜出，动作敏捷，生性残暴，能自相残杀。15～30℃时，幼虫期18～67天。地老虎喜欢温暖潮湿的环境，在地势力低洼、雨水充足、保水性强的壤土或沙壤土条件中，发生量大，危害严重。

4.防控方法

（1）选择向阳干燥的地方作为栽培场所，有效地减少地老虎发生量。

（2）用糖醋液诱杀成虫：糖6份、醋3份、白酒1份、水10份、90%的敌百虫1份调均，分成几个盆，放入菇场的不同角落诱杀成虫。

（3）在幼虫的3龄期内，用1 000倍液的菇净喷杀。

第四节 等翅目害虫

等翅目昆虫通称白蚁，分类学上简称“螱”，为社会性昆虫，生活于隐藏的巢居中，有完善的群体组织，由有翅和无翅的生殖个体（蚁后和雄蚁）与多数无翅的非生殖个体（工蚁和兵蚁）组成，白蚁是食用菌的著名害虫。等翅目昆虫体小至中型。头小或大，极度骨化，咀嚼式口器；触角念珠状，多节。有翅的个体前后翅的形状、大小约略相等，分飞后翅脱落，雌雄交配，选择栖居场所；母蚁腹部后期膨大，专司生殖。常建成巨大蚁巢（称白蚁冢）。主要危害房屋建筑、枕木、桥梁、堤坝、森林、果园和农田。

侵害食用菌菌丝和基质的白蚁有黑翅土白蚁（*Odontotermes formosanus* Shiraki）、家白蚁（*Coptotermes formosanus* Shiraki）和黄翅大白蚁（*Macrotermes barneyi* Ligh）等种类。

1.形态特征 口器咀嚼式。触角念珠状或丝状。体软，色淡。但与较高等的膜翅目（Hymenoptera）的蚁并不近缘。渐变态，经一系列若虫期。等翅目的社会等级明显，分工明确（生殖蚁、不育的工蚁、不育的兵蚁）。雌、雄白蚁都自受精卵发育而成。白蚁胸腹之间没有像蚁那样的细腰，两对膜翅，几乎等大，脱落时沿一缝裂开，只剩翅基附着在胸部。

2.危害状 在食用菌中以土栖性的黑翅土白蚁危害最为严重。土白蚁蛀食多种段木栽培的食用菌和覆土及地面排袋的食用菌菌袋。如白蚁蛀食香菇和木耳段木，破坏了段木的树皮并蛀空木质部，导致失水和营养基质被毁而无法出菇；茯苓在下种后就吸引了白蚁蛀食种木，随着蛀食松木，当茯苓生长时白蚁又蛀食。白蚁在松木筒上糊设泥表，使菌丝生长受阻，萎蔫死亡。白蚁还蛀食放于地表处出菇的平菇、香菇筒袋，将筒袋蛀成隧道和不规则的孔洞，严重时全袋蛀空，只剩下外壳。白蚁还蛀食覆土栽培的竹荪、杏鲍菇、茶树菇等菌袋，使之减产甚至绝收。白蚁危害面广，在长江地区的食用菌常遭白蚁侵害。

3.生活习性　白蚁是一种具有较复杂性社会组织与分工的群栖性昆虫。每个巢中都有不同功能的白蚁，如蚁后、工蚁和兵蚁。它们分工明确，各司其职，危害食用菌的蚁种为工蚁。白蚁到巢外取食时，先用泥土和排泄物等混合筑成隧道式的通道，经通道找到各种食源。每年的4～12月，温度10～37℃是白蚁活动期，在4～6月是白蚁分群繁殖期，蚁后的生命长达10多年。在壮年期，昼夜能产数千粒卵，卵孵化期30多天。一个蚁巢经3～4年的繁殖后再分巢繁殖。

家白蚁成虫

兵蚁

家白蚁幼虫

香菇菌袋被害状

4.防控方法

（1）选用无蚁源的地区种植，在旱地和靠近树林地表腐殖质丰富的场所，蚁量多，种植后常遭白蚁侵害，而水田和多年种植的老菜地蚁源较少或无蚁害。

（2）挖深沟防蚁，对于必须搭建在多蚁区的菇棚，应在菇棚的四周挖一条深50厘米、宽40厘米的封闭沟，沟内常年灌水，切断白蚁过道。

（3）对于蛀入菌袋内的白蚁，可将菌袋从土中挖出用水浸泡10小时后捞起排袋，可浸死袋内的白蚁，又可起到补水的作用。对于蚁穴可用菇净500～1 000倍液注入穴内，杀死穴内的白蚁。

第五节　弹尾目害虫

弹尾目属于无翅亚纲节肢动物门的一目，俗称跳虫，遍布全世界，常大批群居在土壤中,多栖息于潮湿隐蔽的场所，如土壤、腐殖质、原木、粪便、洞穴，甚至终年积雪的高山上也有分布。体微小，长形或圆球形。无翅，身体裸出或被毛或鳞片。头下口式或前口式，能活动。复眼退化，每侧由8个或8个以下的圆形小眼群组成；有些种类无单眼。触角通常4节，少数5节或6节。第三、四节有时又后天性分为无数小节，或有特殊的感觉器。头部触角后方另有一种感觉器称为触角后器。口器咀嚼式，陷入头部，上颚和下颚包在头壳内。腹部6节；第一节腹面中央具1柱形腹管突（或称黏管），有吸附的作用；第四或第五节上有成对的3节弹器，其基节互相愈合；平时弹器弯向前方夹在握弹器上，当跳跃时，由于肌肉的伸展，弹器猛向下后方弹击物面，使身体跃入空中，故名跳虫。弹尾目的昆虫常常在生态系统中充当大型有机物的分解者，它们可以分解枯枝落叶等有机质，维护生态平衡。

危害食用菌的跳虫种类有角跳虫（*Folsomia fimefaria* Linne）、长角跳虫（*Entomobrya sauteri* Borner）、球角跳虫（*Hypogastrura matura*）、菇紫跳虫（*Hypogastrura armata* Nicol.）、菇疣跳虫（*Achorutes armalus* Nie.）、黑角跳虫（*Entombrya sauteri* Bornor）、黑扁跳虫（*Xenyalla longauda* Folson）、姬圆跳虫（*Sminthurinus aureus bimaculata* Axeson）和紫跳虫（*Hypogastruta communis* Folson）等。

1.形态特征　跳虫体形较小，体长1～1.5毫米，最长不超过5毫米，淡灰色至灰紫色，有短状触须，身体柔软，常在培养料或子实体上快速爬行。尾部有弹器，善跳跃，跳跃高度可达20 ～ 30厘米，稍遇刺激即以弹跳方式离开或假死不动。体表具蜡质层，不怕水。幼虫白色，体形与成虫相似，休眠后蜕皮，多群居，银灰色如同烟灰，故又名烟灰虫。

（1）**角跳虫**。也称短角跳虫，体长1 ~ 1.4毫米，圆筒形，白色，头部褐色，触角与头等长，体被有短细毛，弹器约同触角等长，具两齿。

（2）**黑角跳虫**。长角跳科。体长2毫米左右，触角和体表有黑色斑点，弹器约为体长的一半，与触角等长，触角分4节。

（3）**紫跳虫**。紫跳科。体长1.2毫米左右，身体近圆筒形，头部较粗大，触角比头颈短，弹器短而末端圆形。成虫蓝灰色。

（4）**姬圆跳虫**。圆跳科。体长1.1毫米左右，胸环节明显，5、6腹节可辨，触角较头长，共4节，体色灰黑，弹器基节与端节长约5 ：2，端节有锯齿。

球角跳虫

长角跳虫

黑角跳虫

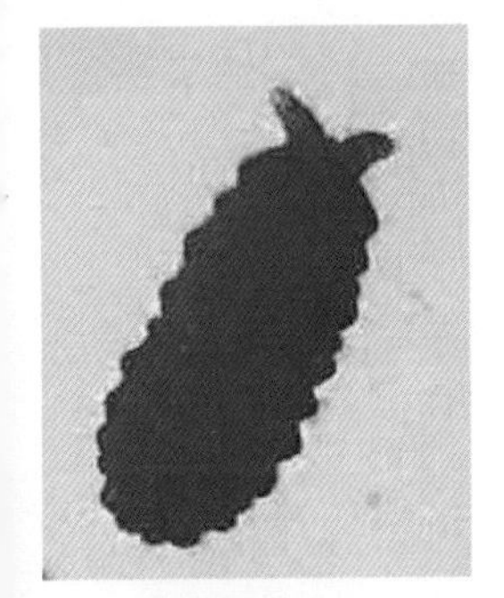

红缺弹器跳虫

角跳虫

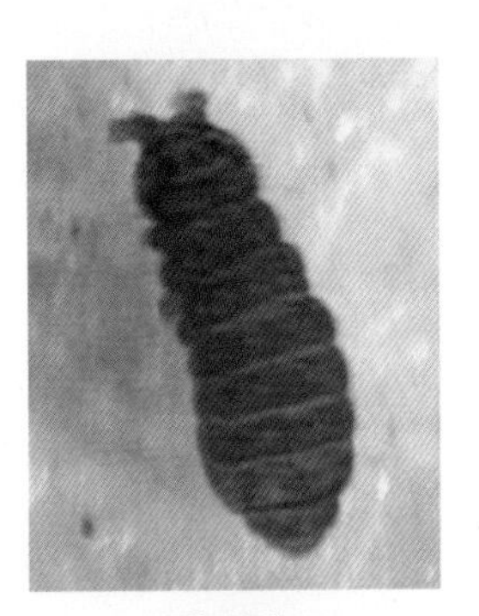

紫跳虫

2.危害状 跳虫食性杂，危害广，取食多种食用菌的菌丝和子实体，同时携带螨虫和病菌，造成菇床二次感染，常在夏秋高温季节爆发。跳虫取食菌丝，导致菇床菌丝退菌；菇体形成后，跳虫群集于菇盖、菌褶和根部咬食菌肉，造成菇盖遍布褐斑、凹点或孔道；排泄物污染子实体，引发细菌性病害；跳虫暴发时，菌丝被食尽，导致栽培失败。

3.生活习性 温度上升15℃以上，跳虫才开始活动，长江中游一年发生6 ~ 7代，4 ~ 11月是跳虫繁殖期，中间寄主是腐败的植物、杂草等有机物。在食用菌中以草腐菌受害严重，春播的高温蘑菇和秋播的中温蘑菇、鸡腿蘑、球盖菇等覆土栽培的种类受害严重。蘑菇播种后，其气味就吸引跳虫在料内产卵，未发酵彻底的草料内带有大量成活的虫卵。跳虫自幼虫到成虫都在取食危害，一代周期约30天，雌虫产卵100 ~ 800粒。由于虫体小，颜色深（如灰色的角跳虫）隐蔽性强，在培养料中无法观察到，一经打药后，虫体跳出落入地面上形成一层虫体。高温栽培的蘑菇，尤其是地坑式菇床，跳虫发生大，危害严重。段木栽培的黑木耳，跳虫危害后造成流耳现象。

秀珍菇菌丝被害状

蘑菇菌盖上的黑角跳虫

4.防控方法

（1）**保持栽培场所卫生**。在夏季种植之前，先将栽培场及菇房清洗干净再用硫黄熏蒸，菇房外围20米之内的杂草、垃圾要清除，填平坑洞，防止积水引发跳虫繁殖。

（2）**培养料需高温处理**。蘑菇栽培料要进行二次发酵，杀灭料中虫源。

（3）**出菇期防治**。高温期栽培时，培养料和覆土材料都需要用药处理，防止发菌期和出菇期跳虫危害。可在培养中拌入25%的除虫脲4 000倍液，防治发酵期和发菌期的虫害，在覆土材料上拌入25%的除虫脲4 000倍液，可防治出菇期的害虫。因为用药后距出菇期还有15天以上，菇体药剂残留量低，在0.03毫克/升以内，处于日本的最低限量(0.1毫克/升）之内。出菇期发现虫害，在采完菇后进行用药处理，可结合菇浇水时放入1%甲氨基阿维菌素1 000倍液防治。

第六节　革翅目害虫

蠼螋属于有翅亚纲革翅目蠼螋科。蠼螋俗称耳夹子虫，又名剪刀虫。革翅目是中小型昆虫，体形略扁。咀嚼式口器。前翅短，革质，作截断状；后翅大，半圆形，膜质，或缺无。腹端有强大尾铗状尾须，不分节。栖土石、树皮杂草中，杂食性或肉食性。成虫有护卵和若虫的习惯。本目昆虫多为夜行性，白天伏于土壤中、石块下、树皮上、杂草间。虽有翅，但很少飞翔。少数种类有趋光性。

我国分布最广的是一种原蠼螋（*Labidura riparia*），该种是世界共有的种。我国各地常见的种类还有红褐蠼螋（*Forficula scudderi*）及日本原螋（*Labidura japonica*），蠼螋多喜欢晚上活动，白天常隐匿于土中、石下、树皮、树洞或落叶杂草中，对农田作物没有很大的影响，但却是食用菌的重要害虫，能危害竹荪、草菇、平菇菌丝，影响菌丝体扭结现蕾，咬食子实体，形成凹塘和缺刻，严重时能食尽菇体。

1.形态特征

（1）成虫。头呈扁阔形，通常有Y形盖缝，顶部扁平或隆凸。缺单眼，复眼大小不一；触角10 ～ 50节不等，脆弱易断，前胸背板紧接头后，鞘翅和翅发达，盖住中胸背板。前翅短截，后翅纵褶如扇，藏于鞘翅之下，只露出革翅的翅柄，后翅展开时呈宽卵形，有放射状的翅脉。雄性可见10节，而雌性由于第八、九节隐藏不见，只可见到8节，腹端有尾夹，雌夹简单而直，雄夹发达多变化。

缺翅黑蠼螋雌成虫

（2）若虫。与成虫相似，若虫个体较小，触角节数少。

（3）**卵**。球形。

2.危害状 蠼螋从若虫到成虫均能侵害食用的菌丝体和子实体。尤其是种在地面又经覆土栽培的食用菌品种最易遭受蠼螋危害，如平菇、竹荪、草菇、蘑菇、木耳类等品种都被蠼螋取食危害。成、若虫可钻入覆土层咬食菌丝，也咬食菌蕾和菇体，造成菇蕾被食尽，大的菇体表面被咬食成孔洞、缺刻，严重时还钻入菇体内部将菌肉吃空只剩外壳。菇场内虫口密度大时也会造成严重的损失。

3.生活习性 蠼螋每年发生的代数因各地域温度差异而不同。成虫昼伏夜出，活动迅速。食性较杂，有些种类具有肉食性，成虫卵产于土中，雌虫常守护其上，孵化后仍有保护子代的特性。

4.防控方法

（1）做好菇房四周的清洁卫生工作，在菇房的走道和角落撒上石灰，切断其通道。

（2）在夜间用应急灯或电筒照射，捉拿成虫。

（3）当虫口密度大时，在菇采收后，喷施500 ~ 1 000倍液菇净，可驱杀成虫。

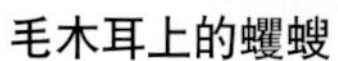

毛木耳上的蠼螋

蠼螋危害状

第七节 缨翅目害虫

蓟马（*Hoplothrips fungosus*）危害食用菌的种类较多，但分类上多数属缨翅目皮蓟马科，俗称黑蝇、小红虫，分布于全国各地。危害黑木耳、香菇等露地和棚栽的食用菌。

1.形态特征

(1) 成虫。体长1.5～2.2毫米，体黑褐色，翅2对，边缘具长缨毛，前翅无色，仅近基部较暗。头略呈方形，3个单眼呈三角形排列在复眼间。触角8节，第三节长是宽的2倍，第三、四、五节基部较黄。复眼为聚眼式。口器为锉吸式，左右不对称。腹部末端延长成管状，称尾管。

(2) 卵。长约0.45毫米，长椭圆形，黄色。

(3) 若虫。4龄，无翅，初孵若虫浅黄色，后变红色，触角念珠状，尾管黑色。

(4) 蛹。围蛹，浅红色，翅芽显露。触角伸向头两侧，色深。

2.危害状　蓟马取食菌类孢子、菌丝体或腐殖质汁液，并传播病毒及病害。成虫和若虫群集性强，日间活动，行动敏捷，能飞善跳。露地和大棚栽培的木耳、灵芝、香菇、平菇、鸡腿菇等都易受蓟马危害，成虫和若虫用锉吸式口器锉破木耳表皮，吸取汁液，使耳片扭曲皱缩，不能伸展，严重时造成流耳。危害菌丝体使菌丝消失，危害幼菇使菇体萎缩死亡。

3.生活习性　以若虫在露地的草根部或地表下10厘米处越冬，日均温度8℃时开始活动，发育繁殖适温为10～30℃，最适温度15～25℃。福建、浙江等南方地区终年危害。成虫产卵时把产卵器插入耳片表皮下，卵散产于表皮下的耳肉内或段木内、培养料细缝里。春夏秋3季各虫态世态重叠，群体量大，食用菌受害严重。

4.防控方法

(1) 消灭越冬虫源。结合防治其他害虫，清除田块及其周围田块中的杂草、枯枝落叶，有助减少或消灭越冬虫源。

(2) 大棚使用银灰膜覆盖，对蓟马有忌避作用。用蓝色的黏虫板悬挂于菌袋之间，具诱捕和预测的作用。

(3) 化学防治。掌握若虫始盛期和出菇间歇期喷施，用25%除虫脲3 000倍液或25%噻嗪酮1 000倍液喷雾，持效期长。也可使用70%吡虫啉可湿粉2 000倍液，或鱼藤精400倍液，或1%甲氨基阿维菌素苯甲酸盐1 000倍液。不同药剂隔一周左右交替使用，杀虫效果明显。

蓟马成虫

蓟马若虫

蓟马幼龄若虫

危害黑木耳

第八节　螨　　虫

螨虫属于节肢动物门蛛形纲蜱螨亚纲蜱螨目的一类体形微小的动物。身长一般在0.5毫米左右，有些小到0.1毫米，大多数种类小于1毫米。危害食用菌的螨虫种类繁多，但各地区、各品种上出现的螨虫种类又有所不同。据邹萍1985年报道，在从香菇、黑木耳、双孢菇、平菇等采集的螨类标本上鉴定，有10个科，分别是蒲口螨科、肉食螨科、尾足螨科、寄螨科、巨螯螨科、囊螨科、蒲螨科、乙线螨科、粉螨科、食甜螨科。如在南方的蘑菇栽培区以嗜木螨（*Caloglyphus* sp.）、有害长头螨（*Dolichocybe* sp.）、兰氏布伦螨（*Brennandania lambi* Krozal）为主，而江苏一带则以粉螨科的腐食酪螨（*Tyrophagus putrescentiae*

Schrank）为主。另外，近几年在黑木耳和毛木耳上危害严重的木耳卢西螨美国报道为*Tarsonemus flovculus*，英国报道为*Tarsonemus myceliophogus* Hussey，*Linopodes antennaepes* Banks。

一、腐食酪螨

1.形态特征　腐食酪螨在分类学上隶属于蛛形纲蜱螨亚纲无气门目粉螨科食酪螨属。

（1）成螨。体卵圆形，柔软光滑，体长0.28～0.42毫米；污白或乳白色，雄小于雌；体前区与体后区有一横缢缝分界；无眼、无触角，口器为钳状螯肢；躯体上生长许多刚毛；足4对，跗节末端生一爪。

（2）卵。卵白色，长椭圆形。

（3）幼螨。体乳白色，体形与成螨相似，体长0.12～0.15毫米，足3对。

（4）若螨。体形与成螨相同，第一龄若螨体长0.20～0.22毫米，第二龄若螨体长0.32～0.36毫米，足4对。

2.危害状　螨虫取食多种食用菌的菌丝体和子实体。其中在蘑菇、金针菇、茶树菇、草菇上危害最为普遍和严重。当螨虫群集于菇根部取食菌根、致使根部光秃，菇体干枯而死亡。危害菌丝造成退菌、培养基潮湿、松散，只剩下菌索，培养基失去出菇能力。螨虫携带病菌，导致菇床感染病害。

3.生活习性　螨虫在从幼螨、若螨到成螨的成长过程中，都在取食危害。螨虫喜高温，15～38℃是繁殖高峰。当温度在5～10℃时，虫体处于静止状态，在温度上升至15℃以上，虫体开始活动，在20～30℃，一代历期15～18天，每只雌螨产卵量为50～200粒。有些螨能幼体生殖，因此繁殖量大，繁殖速度快。茶树菇发菌期常遭螨虫危害，造成退菌、引发杂菌滋生，菌袋报废，金针菇发菌期也常遭螨虫危害而导致发菌失败。螨虫能以成螨和卵的方式在菇房层架间隙内越冬，在温度适宜和养料充分时继续危害。菇房一旦出现螨虫后，一时内难以控制，连续几年都易出现螨虫危害。

4.防控方法

（1）选用无螨菌种。种源带螨是导致菇房螨害暴发的主要原因。因此，菌种厂应保证菌种质量。提供生活力强的纯净菌种，菇农应到有菌种生产资格的菌种厂购买菌种。

（2）培养料和菇房需经二次发酵处理。利用二次发酵高温杀死培养料中螨虫的同时也杀灭了菇房尚存的虫源。菇房层架材料宜用无机型，以减少螨虫的滋生场所，也便于消毒处理。

（3）选用安全高效杀螨剂。出菇期出现螨虫时，采净菇床上的菇体，用4.3%菇净稀释1 000倍液喷雾，过5天后再用10%浏阳霉素乳油1 000 ～ 1 500倍液进行均匀喷雾，可在1 ～ 2周内保持良好防效。在下一潮菇的间歇期视螨虫量和危害程度，使用甲氨基阿维菌素1 000倍液或240克/升螺螨酯（螨危）悬浮剂3 000 ～ 5 000倍液喷雾一次，以此控制螨虫危害程度。

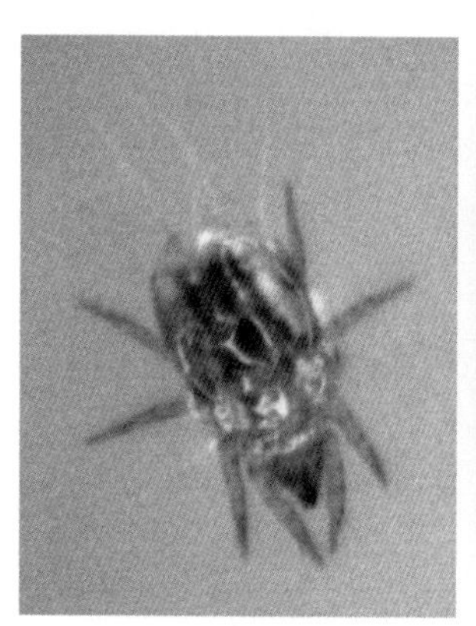

腐食酪螨成虫

金针菇菌丝上的卵

腐食酪螨危害黑木耳

二、木耳卢西螨

木耳卢西螨（*Luciaphorus aurlculoriae* Gao et a1.）属于蜱螨目前气门亚目矮蒲螨科卢西螨属。

1.形态特征　该属的特征是：雌螨的前足体与颚体间有一类似颈的囊状部分，额体可缩入前足体内；气门狭长，彼此远离，呈V形；胫跗节粗大，强烈骨化，顶端具一发达的爪。

（1）未孕雌螨。体黄白色，大量个体聚集在一起时呈锈红色粉末状。体长0.147毫米，宽0.075毫米，椭圆形。

（2）怀孕雌螨（即膨腹体）。呈球形，一般直径为1.27 ～ 2.79毫米，初晶莹无色，后呈白至乳白色，常聚在一起。

（3）**雄螨**。颚体退化，不取食，足4向后成弧状弯曲，交配时用以握持雌螨，寿命比雌螨短。

2.危害状　卢西螨取食菌丝和子实体，在毛木耳栽培整个阶段均可危害，无论是母种、原种还是栽培袋、耳片均可被害。此螨害主要危害特点是：在菌袋内或耳片处，肉眼可见大量晶莹剔透的白色颗粒，球形、大小不一，形似鱼仔、尿素。而这些颗粒是交配后的雌螨后半体膨大而成的球形体，卵就在其内发育成成螨。当卢西螨危害菌丝时，造成退菌，培养基发黄、发黏、松散，最后成褐色的菌渣，没有养分也没有菌丝，整个菌袋报废。出耳期间，卢西螨聚集在耳背基部的皱褶里，耳片法液被取食后耳片收缩、干枯、变薄泛黄，生长缓慢或停止，萎蔫死亡。

3.生活习性　卢西螨在20～35℃下能生长繁殖，以25～30℃为宜。在20℃、25℃、30℃、35℃下，一代历期分别为21～33天、10～15天、7～10天、6～9天。该螨营卵胎生，每只雌螨产卵量为80～160粒，卵在雌螨的膨腹体内孵化成成螨后，成螨可在母体内交配之后从膨腹体内钻出，取食菌丝或直接形成膨腹体繁殖下一代，因此，一般我们看到白色的颗粒都是在繁殖的螨体。雌螨喜高湿环境，但在干燥的环境中可以存活30多天，这是因为雌螨的膨腹体内还有丰富的营养可以提供成螨生活一段时间，并且在干燥失水时膨腹体的体壁会变厚，能防止水分散失，使膨腹体内的子代滞留于母体中以渡过不良环境。残存于废料上的膨腹体会随着昆虫、风雨和人的传播进入其他耳房，造成该地区大规模发生。

4.防控方法

（1）**选用无螨菌种**。种源带螨是导致螨害暴发的主要原因。因此，菌种厂应保证菌种质量，防止卢西螨随菌种传播扩散到其他区。

（2）**栽培环境有螨是引起卢西螨暴发的另一重要原因**。由于卢西螨对不良的环境条件有很强的抵抗力，因此必须及时清除废料，搞好环境卫生。

（3）调整栽培时间，卢西螨喜高温，可以推迟出耳时间，避开繁殖最适温度，可有效控制该螨的危害。

（4）发现带螨菌袋应立即清除，带离耳房焚烧掉，减少虫量。

（5）**药剂防治**。参照腐食酪螨防治方法。

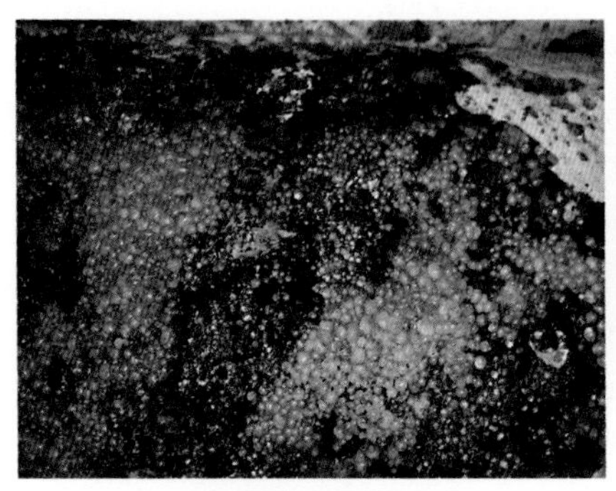

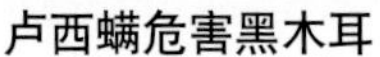

卢西螨危害黑木耳

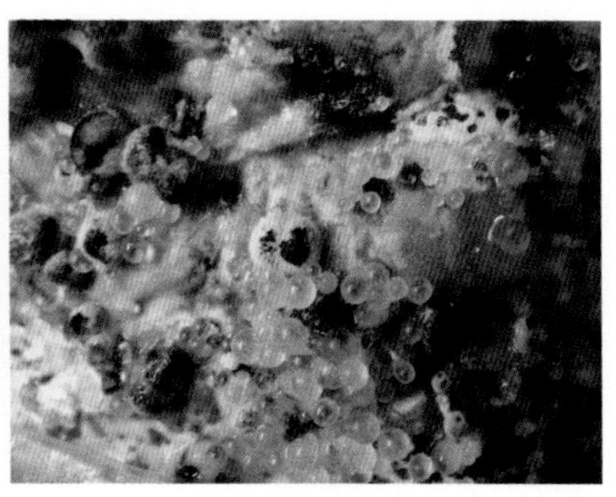

毛木耳被害状

三、速生薄口螨

速生薄口螨（*Histiostoma feroniarum*）属薄口螨科薄口螨属。该螨为世界性害螨，凡适宜食用菌生长的环境，就有它的存在和发生。

1.形态特征

（1）**成螨**。体近似卵圆形，长400～620微米，无色或淡色，颚体高度特化，背缘具锯齿，螯肢从须肢基形成的凹槽内伸出，可自由活动。须肢端节扁平且完整。须肢端节叶突上着生两根刺状长毛，其中一根的长度为另一根的2倍多。前后半体间具有横缝，后半体后缘略凹入。腹面具两对卵圆形几丁环，环中部收缩。形似鞋底，第一对几个环位于足2与足1之间，第二对位于足4同一水平上。生殖孔横向开孔，位于第一对几丁环之间。足1两基节内突在体中线相接，足2与足4的基节内突短，内端相互远离。肛孔小，距后缘远。雄螨腹面肾形的几丁质环内，凹部分朝外，而雌螨的则朝内。

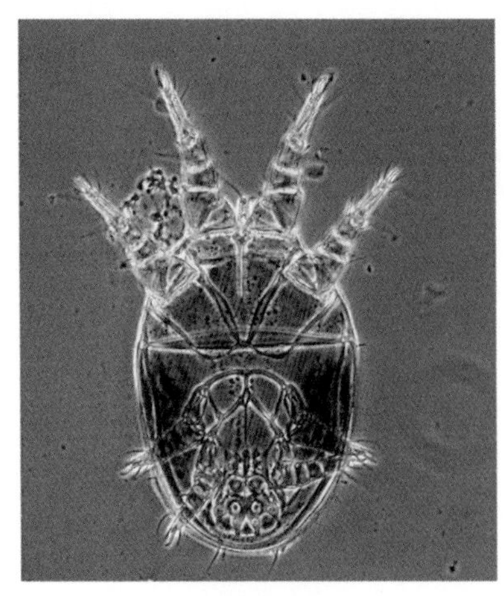

速生薄口螨

（2）**休眠体**。体扁平，后缘尖狭，表面强骨化，腹面具一吸盘板，其上着生吸盘8对，足细长具爪，4足前伸。

2.危害状　速生薄口螨能侵染食用菌菌种，降低成品率；蘑菇、平菇等子实体均可取食。侵害蘑菇菇床，影响产量，是栽培蘑菇的害螨之一。当菇床湿度太低或食料缺乏，就产生大量的红棕色活动型休眠体，集聚在菇床表面或子实体上，凭借微风飘散或吸附在昆虫及其他动物体上扩散。该螨取食残菇败体或培养料中的腐殖质，菇床一旦发生就会加速菇体腐败，被侵害的食用菌易会歉收或无收。

3.生活习性　在腐烂蘑菇、香菇、平菇等子实体上或湿润培养基中，经常发现速生薄口螨幼螨、若螨、成螨等螨态，当子实体失水或培养基较干燥，就有休眠体出现。该螨喜湿怕干，在潮湿食用菌菇床和腐烂有机物质中经常发生，尤其在渗有悬浮液菇体上数量甚多，在其表面缓慢爬行取食和繁殖。当条件不适宜时，就会有大量休眠体聚集在培养料表面。休眠体以足3和足4撑地，并将足1和足2上举，以便附着在它身旁穿行动物体而随之扩散传播。从总体上看，食用菌生长不良和后期菌丝衰退的菇床，发生较普遍。

4.防控方法

（1）选用无螨菌种。种源带螨是导致菇房螨害暴发的主要原因。培养健康菌种，提高菌种成品率，使菌种菌丝粗壮有力。

（2）注意环境卫生。菇房周围不随地堆放杂物和废料，避免杂菌污染，减少害螨滋生地。菇房不建在粮堆仓库附近。

（3）严格消毒。播种前菇房彻底清扫，并用化学药剂熏蒸消毒；培养料用堆制发酵或以喷拌农药来消灭其中害螨。

四、害长头螨

隶属蒲螨总科长头螨科长头螨属。

1.形态特征

（1）未孕雌螨。体细小，扁平，无色透明，背面有2对刚毛，前足体背毛3对。腹端部膨大成梨形。腹面刚毛6对，光滑纤细。

（2）怀孕雌螨。属后半体膨腹型。大多数膨腹体呈筒形或长筒形，少数呈球形，其余特征同未孕雌螨。

（3）雄螨。体无色透明，比雌螨更小。前足体背毛4对，腹毛6对，后半体背毛7对，腹毛短小。足1胫节和跗节共有3根感棒。

2.生活习性　害长头螨在各种食用菌上常见，不但直接取食银耳、毛木耳、黑木耳、香菇及金针菇等食用菌的菌丝、子实体和原基，还取食和传播链孢霉、木霉等杂菌，因而常给食用菌栽培和制种带来重大损失。

该螨营卵胎生。怀孕雌螨常固定一地取食，后半体渐渐膨大成圆筒形，最长可达7毫米，一般2～5毫米，故易误认为是“线虫”。卵在母体中直接发育为成螨后从母体中钻出。该螨在母种试管中也能膨腹繁殖，因此防止母种带螨是避免它向全国蔓延的重要手段，搞好环境卫生，及时处理杂菌瓶是杜绝该螨危害的有力措施。

3.防控方法 参照腐食酪螨。

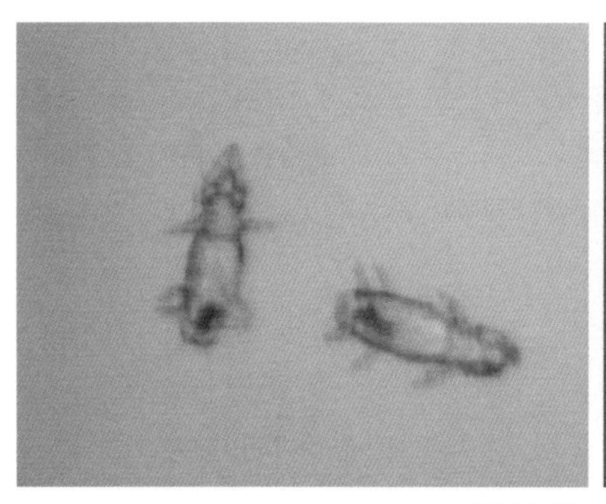
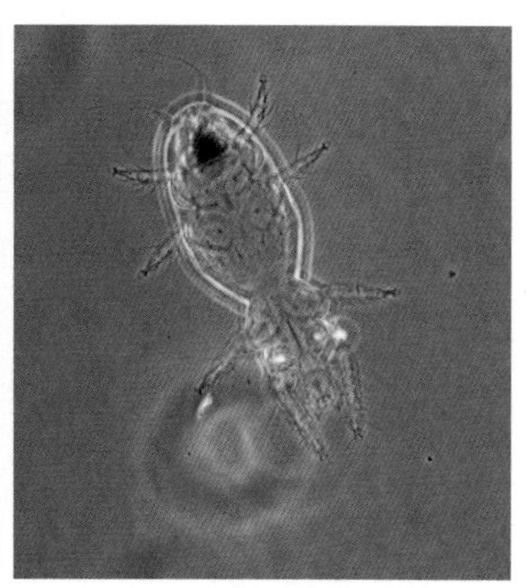

害长头螨

第九节 软体动物类

一、蛞蝓

蛞蝓属软体动物门腹足纲柄眼目蛞蝓科，又名鼻涕虫。蛞蝓科种类广分布于欧洲、亚洲、北美和北非。陆生。体柔软，外形呈不规则的圆柱形。壳退化为一石灰质的薄板，被外套膜包裹而成内壳。有尾嵴。体呈灰色、黄褐色或橙色。身体经常分泌黏液，爬行后留下银白色的痕迹。生活于阴暗、潮湿处。白昼潜伏，夜晚和雨天外出活动。雌雄同体，交尾产卵。取食植物的嫩叶嫩芽，为蔬菜、果树、烟草、棉花等的敌害。

危害食用菌蛞蝓的主要种类有野蛞蝓（*Agriolimax agrestis* Linnaeus）、双线嗜黏液蛞蝓（*Phiolomycus bilineatus* Bonson）、黄蛞蝓（*Limax flavus* Linnaeus）3种。危害严重的是双线嗜黏液蛞蝓。

1.形态特征

（1）**野蛞蝓**。体长30 ~ 60毫米，宽4 ~ 6毫米。体表暗灰色、黄白色或灰红色，少数有不明显的暗带或斑点。触角2对，暗黑色，外套膜为体长的1/3，其边缘卷起，上有明显的同心圆线生长线，黏液无色。

（2）**黄蛞蝓**。体长100毫米，宽12毫米。体表为黄褐色或深橙色，并有散的黄色斑点，靠近足部两侧的颜色较淡。在体背前端的1/3处有一椭圆形外套膜。

（3）**双线嗜黏液蛞蝓**。体长35 ~ 37毫米，宽6 ~ 7毫米。体灰白色或淡黄褐色，背部中央和两侧有1条黑色斑点组成的纵带，外套膜大，覆盖整个体背，黏液为乳白色。

2.危害状　蛞蝓危害各种食用菌，咬食原基和菇体，造成孔洞和缺刻，并留下黏液，严重影响菇体的商品性，蛞蝓爬行于菇床中，携带和传播病害，常造成杂菌从伤口侵染引发多种病害。

蘑菇被害状

3.生活习性　蛞蝓昼伏夜出，白天躲藏于菇床、菇箱和石块底下，夜晚出来取食，除了取食食用菌的子实体外，还取食蔬菜、花卉和其他植物，蛞蝓一年繁殖一代，在15 ~ 30℃都可危害，卵多产于土粒缝隙中、杂草及枯叶上，堆成10 ~ 20粒的卵块，卵为白色、小粒，具卵囊，每囊4 ~ 6粒。黄蛞蝓产卵在盆钵、土块、石下面。孵化后幼体待秋后发育为成虫，喜潮湿，生活在阴暗潮湿的墙缝、土缝、土块等地方。

4.防控方法

（1）在菇房地面和四周撒上干石灰粉，无土面露出，减少蛞蝓躲藏场所。

（2）人工捕捉。在夜间和阴雨天，趁其出来取食时捕捉。

（3）在蛞蝓大发生时，将菇提前采摘后喷施500倍液菇净，可将蛞蝓杀死。

蛞蝓取食滑菇

二、蜗牛

蜗牛属无脊椎动物软体动物门腹足纲柄眼目蜗牛科。蜗牛有一个比较脆弱的、低圆锥形的壳，不同种类的壳有左旋或右旋的，头部有两对触角，后一对较长的触角顶端有眼，腹面有扁平宽大的腹足，行动缓慢，足下分泌黏液，降低摩擦力以帮助行走，黏液还可以防止蚂蚁等一般昆虫的侵害。蜗牛一般生活在比较潮湿的地方，在植物丛中躲避太阳直晒。在寒冷地区生活的蜗牛会冬眠，在热带生活的种类旱季也会休眠，休眠时分泌出的黏液形成一层干膜封闭壳口，全身藏在壳中，当气温和湿度合适时就会出来活动。

1.形态特征　蜗牛的整个躯体包括贝壳、头、颈、外壳膜、足、内脏、囊等部分，身背螺旋形的贝壳，其形状各异，大小不一，有宝塔形、陀螺形、圆锥形、球形、烟斗形等。眼睛长在触角上。

2.危害状　蜗牛食性杂，能取食多种食用菌品种和蔬菜茎叶，危害食用菌时，用尖锐小舔舐食食用菌子实体，使之造成许多孔洞和缺刻。在潮湿的环境下，在蜗牛爬行过的菌盖上还会留下一道白色透明的分泌物。

3.生活习性　危害食用菌的蜗牛种类较多，有灰蜗牛、同型巴蜗牛、江西巴蜗牛和华蜗牛等。其中灰蜗牛一年发生1～15代，寿命达24个月。每年的4月份，温度达20℃以上时，蜗牛开始活动，11月份进入越冬期。

4.防控方法

（1）在蜗牛的活动盛期，用人工捕捉的方式，可消灭大量的蜗牛。

（2）在蜗牛的躲藏地，撒上石灰或5%食盐水进行驱杀。

菇床上的蜗牛

平菇上的蜗牛

第十节　鼠　　妇

危害食用菌的鼠妇（*Armadillidium vulgare* Latreille），又名潮虫和西瓜虫。属节肢动物门甲壳纲等足目鼠妇科。鼠妇科的昆虫用鳃呼吸，而鳃只能在湿润的环境中运作，所以鼠妇居住在潮湿的地方。第一触角短小，后7对胸肢变成步足，血呈白色。但它们都需生活在潮湿、温暖以及有遮蔽的场所，昼伏夜出，具负趋光性、假死性。鼠妇外壳有层薄薄的油，不易被蜘蛛网等黏住，不像昆虫和蜘蛛那样高度适应于陆地上生活，在我国大多数地区都有分布，在田间主要危害黄瓜、西红柿、油菜等。

1.形态特征

（1）**成虫**。体长10～14毫米，体宽5～6.5毫米，长椭圆形，共13节，灰褐色，头部具1对线状触角；胸部8节，各节具1对足，腹部具7对腹足，尾节末端为两个片状突起。雌成虫体背暗褐色，隐约可见黄褐色云状纹，每节后缘具白边，雄虫较青黑。

（2）**卵**。近球形至卵形，黄褐色。

（3）**幼虫**。初孵幼虫白色，半透明，长1.3～1.5毫米，宽0.5～0.8

毫米，后逐渐变深，形态与成虫近似，仅大小、体色不同。

2.危害状 鼠妇主要危害覆土栽培的食用菌，如姬松茸、大球盖菇、平菇、鸡腿菇、木耳等。鼠妇啃食发酵过的培养料和菌丝体、菇蕾和耳牙，并能从菌褶中钻入侵害菌盖，造成孔洞和缺刻。严重时菇床上群集大量的成体鼠妇取食危害，被害食用菌产量和质量都受到较大影响。

3.生活习性 在3月份菇棚内温度高于10℃以上时，鼠妇开始取食活动。在6～10月高温和高湿的菇棚内，鼠妇大量繁殖危害。其幼体在雌虫的胸腹前端孕育，每雌体可产小鼠妇50～200只。成体活动迅速，昼伏夜出，受惊后蜷缩成团呈假死现象。

4.防控方法

（1）保持菇房清洁卫生，及时清除死菇烂袋。在各角落处撒上石灰，切断鼠妇活动通道。

（2）鼠妇发生量大时，用1 000倍液菇净喷雾能有效地杀灭鼠妇，降低危害程度。

平菇上的鼠妇

菇床上的鼠妇

第十一节 马　陆

马陆属节肢动物门多足纲圆马陆科。身体有多节，头部有触角，生活在潮湿的地方，大多以枯枝落叶为食。危害食用菌的主要是约安巨马陆（*Prospirobolus joannsi*）。

1.形态特征　体节两两愈合（双体节），除头节无足，头节后的3个体节每节有足1对外，其他体节每节有足2对，足的总数可多至200对。头节含触角、单眼及大、小颚各1对。体节数各异，从11节至100多节，体长2 ～ 280毫米。除一个目外，所有马陆有钙质背板。自卫时马陆并不咬噬，多将身体蜷曲，头卷在里面，外骨骼在外侧。许多种具侧腺，可分泌一种刺激性的毒液或毒气以防御敌害。

2.危害状　马陆主要取食食用菌发酵料中的腐殖质、菌丝体和幼小的菇蕾。被害的菌床培养料变黑发黏、发臭并散发出马陆特有的骚味。菇蕾被咬食成孔洞或缺刻，并留下骚味，严重时整个发菌期的培养料被毁，菇房中骚味难闻。

3.生活习性　在菇房内温度15℃以上时，马陆开始活动，尤其是在夏季多雨季节，菇房湿度达90%以上时，马陆群集于培养料或菇袋取食并散发出难闻的骚味。

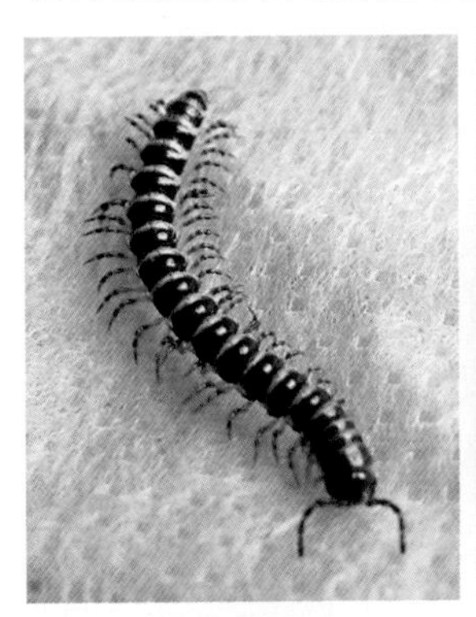

马陆成虫

马陆危害姬菇

4.防控方法

（1）保持菇房清洁卫生，适当减少培养料和菇房内的空气湿度，增加光线强度，可减少马陆危害程度。

（2）当马陆量较大时，可用菇净1 000倍液喷施于料面和整个菇房，杀死和驱赶马陆。

第十二节　害　　鼠

鼠类属于啮齿目鼠科，分布于世界各地，体小轻盈，是哺乳动物第二大科，尾部具缠绕性。鼠类适应不同的生存环境，形态和习性都比较多样化。典型的鼠科成员形态和习性与家鼠类似。

1.形态特征 体长6 ~ 30厘米；尾通常略长于体长，其上覆以稀疏毛，鳞环可见；体毛柔软，个别种类毛较硬；背部为黑灰色、灰色、暗褐色、灰黄色或红褐色；腹部一般为灰色、灰白色或硫黄色；后足相对较长，善游泳的种类趾间有皱形蹼。

2.危害状 在食用菌的菌种生产和菇袋的发菌期间都极易遭受鼠害。尤其是麦粒菌种在发菌期间被老鼠找到后它能拔掉瓶口棉塞或咬破薄膜袋咬食麦粒，老鼠携带多种病菌，被害后的菌袋都被杂菌污染而报废。在高温期间被老鼠耙出的培养基上常长出链孢霉，污染了整个发菌室，迫使中断生产。在田间栽培的种类如茯苓、灵芝、天麻等，老鼠能钻入培养料中打洞，咬断菌丝和原基，传播病害，严重时菇床上一片狼藉，甚至绝收。

3.生活习性 老鼠昼夜活动，黄昏和黎明是两个活动高峰，但在室内白天常见老鼠外出觅食。

4.防控方法

（1）保持发菌场所和菇房清洁卫生，不能在菇房内外堆放生活垃圾。菌种房要有能封闭的门窗，防止害鼠侵入危害。

（2）养猫防鼠。在菇场内养猫是防止鼠害的安全有效的生物防治方法。禁止在培养料上投放毒鼠药，以免菌丝吸收后引发人食后的二次中毒现象。

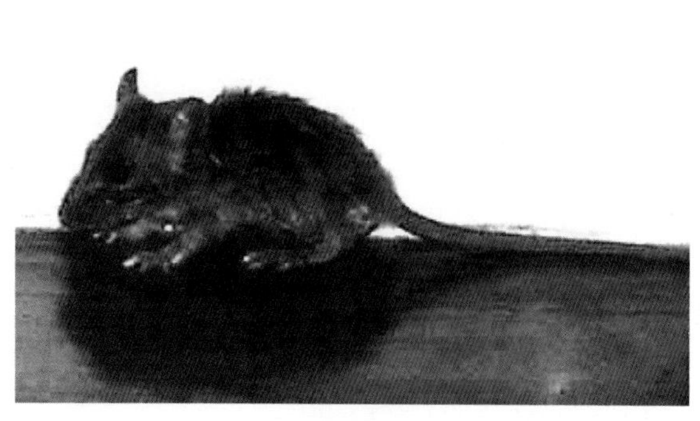

家　鼠

猫捉老鼠

第三章
食用菌病虫害综合防控

在食用菌进入设施化、专业化、周年化、产业化栽培的年代，随着培养基质中速效性营养成分的增加，环境条件的改善，产量、质量大幅度提高的同时，病虫害的种类随之变化，有些种类的严重度在增加。在一些老产区、老菇房内病虫危害严重，出现菌丝无法生长或是无法出菇现象，并由此污染整个环境，迫使停产。因此，在栽培上牢固树立病虫害防控意识，把防治病虫害的措施结合于栽培程序之中，用生态、物理和化学的方法将病虫害危害程度控制在最低限度内，确保食用菌产品的原生态性、营养性和安全性。

本章以食用菌生理为基础，简要叙述病虫与食用菌之间的关系，提出食用菌病虫综合防控的方法与建议，介绍在食用菌上常用的消毒剂、杀菌剂、杀虫杀螨剂以及病虫控制器的种类、性质和使用方法。

第一节　食用菌病虫害综合控制原理和方法

一、病虫害发生的特点

（1）菌丝和子实体营养丰富，水分充裕、气味浓重，缺乏保护层，病虫易于侵染。食用菌以高蛋白、低脂肪、低纤维、好口感而赢得众生喜欢，更加受到众多的微生物和昆虫的欢迎，加之每个品种都会散发出特有的菌类香味，菌丝和子实体表层没有相应保护层，所以轻易地成为各种生物的食物，并迅速地繁殖成庞大群体，使食用菌遭受灭顶之灾。

（2）侵害食用菌的病虫种类多，危害重。据初步统计，侵染培养料、菌丝体和菇体的杂菌、病菌和害虫种类达100多种。各种病菌和害虫在不同的季节以不同的方式与食用菌争夺营养，侵害菌丝和菇体。全国每年有20%以上的培养料和菇体为此而报废，直接经济损失达100亿元以上。

（3）栽培基质营养丰富，在提高子实体产量的同时为病虫繁殖提供良好的食源。多种昆虫和杂菌以腐熟的有机质为食源，如跳虫、螨虫、瘿蚊、线虫、粪蚊、白蚁和蚤蝇等昆虫都喜食腐熟潮湿的有机质，经发酵熟化后用于栽培蘑菇、草菇和鸡腿蘑的草腐料散发出特有的气味，吸引昆虫在料里产卵。在食源丰富的条件下，螨虫、瘿蚊能以母体繁殖方式在短时间内快速地增殖后代，在30 ~ 40天内暴发成灾。经灭菌熟化的木腐菌基质成为竞争性杂菌快速繁殖的基地，如木霉、根霉、链孢霉孢子落入基质内便能快速繁殖，与食用菌争夺养料，而同时接种的菌种生长速度只有根霉的1/30，木霉的1/20，接种面被杂菌侵染后食用菌菌种则会失去营养源而无法生长，导致菌袋报废。因此栽培食用菌从防控角度来说是一场与杂菌病虫争夺培养基的战斗，接种成功率的高低决定着栽培的成功和失败，也决定赢利与亏损。

（4）适宜的出菇环境为食用菌提供良好的生长条件，同时也为病虫快速繁殖提供优越的条件。多数食用菌发菌温度在20 ~ 26℃，出菇温度10 ~ 25℃，培养基内水分65%左右，出菇房湿度在85%以上；人工创建的适宜于菌丝和子实体生长的环境，这些条件却更适合病虫生存和繁殖，病虫繁殖和危害的速度也达到最快值。在中温环境条件下，所有昆虫生长周期缩短，繁殖代数增加，并且消除了冬眠期和越夏期。

（5）食用菌与病原杂菌同属于微生物，生理特性大致相同，差异性较小，需求性一致。食用菌与病原杂菌在营养需求上、生长环境条件方面都表现一致，所以它们相伴相随，难以分开。许多杀菌药剂在杀菌的同时也伤害着食用菌的菌丝和子实体。如甲基硫菌灵和百菌清用于拌料，易抑制菌丝生长。多菌灵对灵芝、猴头、木耳等菌丝都有抑制作用，施用敌敌畏后常抑制出菇或长成畸形菇。

（6）培养基质上携带着多种病虫源。绝大多数杂菌和有害昆虫，其寄主都是农作物的残体。例如稻草、棉籽壳、禽畜粪便携带大量病菌孢子、菌体、螨虫和蚊蝇等虫卵，因此，需要培养基做灭菌或发酵处理，以消灭或减少病虫源的基数，减少病虫害危害程度。

（7）病虫分布广，隐蔽性强，食性杂，体形小，繁殖快，暴发性强，药剂难以控制。多数致病菌在栽培者未有观察到时，已在培养基内萌发繁殖，一旦发现已造成危害。由于在发菌期中期无法用药防治，拖延至出菇期时已无菌丝存在。在出菇期由于一定厚度的培养基层，有的病害深入基质内，施用触杀性药剂不能使病菌完全与药剂接触，药效难以表现。如细菌性的黑斑病和黄菇病等要用药3次以上才能控制病情。螨虫、瘿蚊、菇蚊从培养基质、菌丝到菇体都能取食危害，在培养基的表面和里层都有虫体分布取食危害。有的病害则无药可治，如胡桃肉状菌和鸡爪菌一旦发生则无药可治。

（8）病虫同时入侵、交叉感染。菇蚊、菇蝇携带螨虫和病菌，在取食和产卵时就传播病毒、螨虫和病菌。疣孢霉菌致使蘑菇发病，其病菇又引发细菌和线虫入侵危害，随后菇体腐烂发臭，污染整个菇房和环境。

二、病虫害的综合控制

食用菌生产从培养基制作，菌丝生长到菇体生长发育以至干品的贮存过程中，都易遭受病虫的侵害，因此在防治上也应从各环节切入，环环相扣，处处把关，用生态防控、物理防治、药剂预防等多种方式将病虫控制在萌芽阶段，确保安全出菇，产量稳定。

1. 生态调控

（1）木腐菌与草腐菌宜分场所制种和栽培。草腐菌类菇种的制种和栽培都需将培养料发酵处理。在发酵期间，病菌和蚊蝇虫害常在料中繁殖，同时木腐菌的菌种也处于发菌期，在同一时间和同一环境下生产，病虫害易于交叉感染，容易造成木腐菌制种上的污染。如蚤蝇极易侵入平菇发菌袋内产卵繁殖，同时在发菌室内重复侵害，难以根除。只有分场所分别制种和栽培，才能保持木腐菌类菌种场和栽培场地的清洁卫生。

（2）换茬、轮作、切断病虫食源。上季发生过致病性强的病害或虫害的栽培房不应连续栽培同一种品种，防止同一种病虫再度暴发。如春季鸡腿蘑菇床上发生了鸡爪菌，秋季在同一菇房就应安排鸡爪菌不适宜生长的菇种，切断病菌传播链，从根本上消除病菌再发生机会。

（3）培育生活力强、具抗病性品种。抗性强的品种体现出品种的遗传优势，而菌种的生活力和纯度则由供种单位的生产技术和条件所决定。种植者在引用优良菌种的同时，更要了解品种的适温性，选择适宜季节出菇，才能更好地体现品种的高产性和抗病性。

（4）保持环境清洁干燥。菌种场、栽培场保持清洁、干燥、透气，是提高成品率的基础条件。在生产过程中污染菌袋不能积压，应及时清除，水沟通畅、空气清新、水源干净。这样场内空气杂菌数量少，接种和发菌期间感染的概率也随之降低。

（5）菇房内的品种与栽培应具一致性。为了便于栽培管理和病虫防控，在环境条件一致的菇房内宜栽培统一品种，同一接种期和出菇期，以便采用统一栽培措施，如温度调节、水分管理、病虫防治等环节上都能达到统一性和有效性。

2.物理控制

（1）强化基质灭菌或消毒处理，保证熟化菌袋的纯净度。菌袋灭菌期间常压100℃维持8 ～ 10小时，高压125℃维持3 ～ 3.5小时，灭菌期间要保持温度平稳，不应低于要求的温度指标，如中途因停电或是其他原因造成的温度下降，应以延长灭菌时间进行补充，切实杀死基质内的一切微生物菌体和芽孢。使用的菌袋韧性要强，无微孔，封口要严实，装袋时操作要细致，防止破袋。这些都是减少污染的重要措施。

（2）规范接种程序，严格无菌操作。菌种生产应按照无菌程序操作，层层把关，严格控制，生产出纯度高、活力强的菌种。有条件的菌种场，灭菌灶应安排进袋口和出袋口门，中部隔断，出口处连接种室，经冷却后，在洁净台内接种。操作人员穿戴好工作服，确保接种室的高度无菌程度。

（3）安全发菌、防止杂菌害虫侵入菌袋。发菌室应具备恒温条件，视品种的温性要求，温度调节在最适宜生长度数以内，防止温差过大而引起菌袋水分蒸发、空气调换频繁，杂菌入侵污染。同时遮光培养，减少蚊蝇飞入产卵危害。

3.化学防治

（1）强调培养料药剂预防处理。在大规模生产栽培场，周年性循环生产，场内的空气杂菌含量较高，污染途径也较多，因此有必要在培养料中加入微量的杀虫灭菌剂，有效地抑制竞争性杂菌繁殖，提高菌袋成品率。如50%噻菌灵和咪鲜胺在2 000倍液，可抑制木霉等杂菌的发生量，30%菇丰2 000倍液拌料也能有效抑制木霉、根霉、曲霉的发菌，保证食用菌菌丝的正常生长。用25%的除虫脲拌入草腐菌的发酵料中，能有效杀灭粪草发酵期和发菌期的蚊蝇和跳虫等害虫，保证发菌安全。

（2）强调覆土材料消毒处理。土壤能吸水保湿，刺激菇体形成，但土壤也是许多病菌和昆虫滋生场所，因此在使用前必须用化学药剂进行杀菌灭虫处理。覆土材料宜推广使用河泥砻糠土，因为河泥在嫌气状况下，好气性致病菌少，且保湿性好，在2 ~ 3潮菇内基本不用浇水也能保持土壤水分。对于取自旱地土和水田土的材料，应用5%石灰拌土后再在太阳下暴晒几天，在使用前的5 ~ 7天，再喷施杀菌剂30%菇丰2 000倍液或50%噻菌灵或咪鲜胺2 000倍液和杀虫剂4.3%菇净1 000倍液，用薄膜覆盖闷置5天后投入使用。

（3）选择出菇间歇期防虫治病。在出菇期间用药防治病虫危害，应在出菇间歇期料面无菇时用药。在出菇期间不宜用药，防止菇体药害和药剂残留超标，同时应选择高效低毒的生物性药剂，如选用Bti、甲氨基阿维菌素、农用链霉素和菇净等安全性药剂。

第二节 食用菌常用消毒剂性质及其使用方法

1. 酒精（Ethyl alcohol）

（1）分子式。C_2H_6O

（2）其他名称。Ethanol

（3）化学名称。乙醇。

（4）理化性质。无色透明，具有特殊香味的液体（易挥发），密度比水小，能跟水以任意比互溶（一般不能做萃取剂）。是一种重要的溶剂，能溶解多种有机物和无机物。密度为0.789克/厘米^3，相对密度（水=1）为0.79，相对蒸汽密度（空气=1）为1.59，熔点为－117.3℃，沸点为78.3℃。20℃时黏度为1.200微帕·秒。与水混溶，可混溶于醚、氯仿、甘油等多数有机溶剂。呈弱酸性（或中性）pH在6.9 ~ 7。

（5）毒性毒理。对人刺激性小，对物品无损害，属微毒类。兔急性经口毒性LD_{50}为7 060毫克/千克，急性经皮毒性LD_{50}为7 340毫克/千克，大鼠吸入10小时的LC_{50}为37 620毫克/米^3。家兔眼经500毫克刺激，重度刺激。家兔经皮开放性刺激试验每24小时15毫克，轻度刺激。

（6）使用方法。杀灭菌体使蛋白质变性，但不能杀死细菌芽孢和真菌孢子。主要用于菌种袋、菌种瓶表面的擦洗、接种工具的浸泡、接种人员的手面消毒等处理。消毒用时需将浓度为95%的原液稀释成为70%～75%的浓度。酒精灯燃烧时用95%的浓度。应选用医用或食用型酒精，不能用工业酒精或甲醇代替。

2. 高锰酸钾（Potassium permanganate）

（1）分子式。$KMnO_4$

（2）其他名称。灰锰氧、PP粉。

（3）理化性质。紫黑色针状结晶，密度2.703克/厘米^3，熔点270℃，20℃时在水中的溶解度为每100毫升溶解6.38克。

（4）毒性毒理。高锰酸钾有毒，且有一定的腐蚀性。吸入后可引起呼吸道损害。溅落眼睛内，刺激结膜，重者致灼伤。刺激皮肤后呈棕黑色。浓溶液或结晶对皮肤有腐蚀性，对组织有刺激性。

（5）使用方法。可杀死细菌体和菌丝片断，但不能杀死芽孢和孢子。高锰酸钾用作食用菌环境消毒和擦洗菌袋，接种工具的浸泡消毒，使用浓度以1 000 ～ 2 000倍液为宜。高锰酸钾与甲醛混合后产生氧化反应，散发出的甲醛气体有强烈的杀菌作用，这种气雾杀菌方式常用于接种室和培养室的空间消毒。使用时先将高锰酸钾按甲醛的半量加陶瓷或搪瓷容器，然后将规定量甲醛（加适量水稀释，以增加环境中的湿度）慢慢加入其中，此时混合液自动沸腾，从而使甲醛气化。每立方米空间按甲醛溶液30毫升、高锰酸钾15克、水15毫升计算用量。关上门熏蒸2个小时可杀灭房内的细菌繁殖体、霉菌菌体和病毒，房间使用前开门窗通气。

3. 甲醛（Formaldehyde）

（1）分子式。HCHO

（2）其他名称。福尔马林，蚁醛，甲醛溶液，Aldehyde formique，Aldeide formica，Formalin。

（3）理化性质。纯品无色，具有刺激性和窒息性的气体，商品为其水溶液。熔点为－92℃，沸点为－19.4℃，相对密度（水=1）为0.82，相对蒸汽密度（空气=1）为1.07，蒸汽压为13.33千帕（－57.3℃），燃烧热为2 345千焦/摩尔。易溶于水，溶于乙醇等多数有机溶剂。本品易燃，具强腐蚀性、强刺激性，可致人体灼伤，具致敏性。其蒸汽与空气可形成爆炸性混合物。遇明火、高热能引起燃烧爆炸。与氧化剂接触可发生剧烈反应。

(4) 毒性毒理。大鼠急性经口毒性LD_{50}为200～800毫克/千克，兔急性经皮毒性LD_{50}为2 700毫克/千克，大鼠吸入毒性LC_{50}为590毫克/米^3，人吸入毒性LC_{50}为60～120毫克/米^3。

甲醛的作用机制是凝固蛋白质，直接作用于有机物的氨基、巯基、羟基、羧基，生成次甲基衍生物，从而破坏蛋白质和酶，导致微生物死亡。

(5) 使用方法。甲醛气体的产生，以氧化法最为简便和实用。先将高锰酸钾按甲醛的半量加入陶瓷或搪瓷容器，然后将规定量甲醛（加适量水稀释，以增加环境中的湿度）慢慢加入其中，此时混合液自动沸腾，从而使甲醛气化。每立方米空间按甲醛溶液30毫升、高锰酸钾15克、水15毫升计算用量。

4.过氧乙酸（Peroxyacetic acid）

(1) 分子式。$C_2H_4O_3$

(2) 其他名称。过醋酸，过氧醋酸，PAA，过乙酸，Peracetic acid。

(3) 理化性质。无色液体，有强烈刺激性气味。熔点为0.1℃，沸点为105℃，20℃时相对密度（水=1）为1.15，25℃时饱和蒸汽压为2.67千帕，闪点为41℃。溶于水，溶于乙醇、乙醚、乙酸、硫酸。本品易燃，具爆炸性，具强腐蚀性、强刺激性，可致人体灼伤。

(4) 毒性毒理。本品对眼睛、皮肤、黏膜和上呼吸道有强烈刺激作用。吸入后可引起喉、支气管的炎症，水肿、痉挛，化学性肺炎、肺水肿。接触后可引起烧灼感、咳嗽、喘息、喉炎、气短、头痛、恶心和呕吐。由于原液为强氧化剂，具有较强的腐蚀性，因此不可直接用手接触，配制溶液时应戴橡胶手套，防止药液溅到皮肤上。对金属有腐蚀性，不可用于金属器械的消毒。

(5) 使用方法。过氧乙酸是一种普遍应用的、杀菌能力较强的高效消毒剂，具有强氧化作用，可以迅速杀灭各种微生物，包括病毒、细菌、真菌及芽孢。浸泡：拖地的拖把用浓度为0.04％的溶液浸泡1小时；接种工具洗净后用0.5％的溶液浸泡30～60分钟；擦拭：将原液稀释成0.2％的溶液擦拭可用于消毒接种的原种和菌袋的瓶口或袋口表面。对接种箱和桌子表面进行消毒，用浓度为0.2％～1％的溶液，擦拭后保持30分钟，即能达到杀菌目的。喷雾及熏蒸：将原液稀释至0.2％～0.4％，关闭门窗，采用喷雾或加热熏蒸消毒方法，使其较长时间悬浮于空气当中，对空气中的病原杂菌起到杀灭作用。熏蒸时，常用浓度为1克/米^3。喷雾或熏蒸后密闭20～30分钟即可达到消毒目的，然后开窗通风15分钟后方可进入，以减少过氧乙酸给人体带来的刺激及不适感。

5.二氧化氯（Chlorine dioxide）

（1）分子式。ClO_2

（2）其他名称。亚氯酸酐、氯酸酐。

（3）理化性质。红黄色有强烈刺激性臭味气体。11℃时凝聚成红棕色液体，－59℃时凝结成橙红色晶体。11℃时密度为3.09，易溶于水，同时分解，很难与水发生化学反应（水溶液中的亚氯酸和氯酸只占溶质的2%）；在水中的溶解度是氯的5～8倍。溶于碱溶液而生成亚氯酸盐和氯酸盐。

（4）毒性毒理。大鼠急性经口和经皮毒性都是5 000毫克/千克。

（5）使用方法。二氧化氯消毒剂是一种高效、强力、广谱杀菌剂。可以灭杀一切微生物，包括细菌繁殖体、细胞芽孢、真菌、分枝杆菌和肝炎病毒、各种传染病菌等，是液氯、漂白粉精、优氯净、次氯酸钠等氯系消毒剂最理想的更新换代产品。其对微生物的杀菌机理为：二氧化氯对细胞壁有较强的吸附穿透力，可有效地使氧化细胞内含巯基的酶，快速抑制微生物蛋白质的合成来破坏微生物。0.1毫克/升下即可杀灭所有细菌繁殖体和许多致病菌，50毫克/升可完全杀灭细菌繁殖体、肝炎病毒、噬菌体和细菌芽孢。具有在低温和较高温度下杀菌效力基本一致，pH适用范围广，能在pH 2～10范围内保持很高的杀菌效率，对人体无刺激等优点。二氧化氯主要用于食用菌生产中的空气、水、接种工具、环境等消毒处理，使用浓度为100～500毫克/升。

6.来苏尔（Lysol）

（1）分子式。C_7H_8O

（2）其他名称。甲酚皂溶液，Saponated cresol solution。

（3）理化性质。由甲酚500毫升、植物油300克及氢氧化钠43克配成。无色或灰棕黄色液体，久贮或露置日光下颜色变暗，有酚臭。可溶于水（1：50）；能与乙醇、氯仿、乙醚、甘油混溶；可溶于碱性溶液，2%的水溶液呈中性。

（4）毒性毒理。大鼠经口LD_{50}为207毫克/千克，经皮LD_{50}为750

毫克/千克。大鼠吸入甲酚的饱和蒸汽8小时，无死亡。人的甲酚经口MLD为50毫克/千克。对黏膜和皮肤有腐蚀作用，需稀释后应用。

（5）使用方法。能杀灭多种细菌，包括绿脓杆菌及结核杆菌，但对芽孢作用较弱。1%～2%水溶液用于手和皮肤消毒；2.5%溶液浸泡拖把30分钟和拖洗地面能杀灭杂菌菌体。3%～5%溶液用于接种用具和菌袋表面消毒。

7.石碳酸（Phenol）

（1）分子式。C_6H_6O

（2）其他名称。石炭酸、羟基苯。

（3）化学名称。苯酚。

（4）理化性质。常温下为一种无色晶体。低熔点（43℃）无色晶体，密度为1.071克/厘米^3。在空气中放置及光照下变粉红，有特殊气味，沸点181.84℃。有腐蚀性，常温下微溶于水，易溶于乙醇、乙醚、氯仿、甘油、二硫化碳等有机溶液；当温度高于65℃时，能跟水以任意比例互溶，其溶液沾到皮肤上用酒精洗涤。暴露在空气中呈粉红色。

（5）毒性毒理。大鼠经口毒性LD_{50}为530毫克/千克。对人有毒，有腐蚀性，要注意防止触及皮肤。

（6）使用方法。苯酚为一种原浆毒，能使细菌细胞的原生质蛋白发生凝固或变性而杀菌。浓度约0.2%即有抑菌作用，大于1%能杀死一般细菌，1.3%溶液可杀死真菌。用3%～5%溶液浸泡拖把和拖洗地面能杀灭杂菌菌体，也可用于接种用具和菌袋表面消毒。

8.新洁尔灭

（1）分子式。$C_{21}H_{38}BrN$

（2）其他名称。苯扎溴铵、溴化苄烷铵、Bromo Geramine、benzalkonium bromide。

（3）化学名称。十二烷基二甲基苄基溴化铵。

（4）理化性质。常温下为白色或淡黄色胶状体或粉末，低温时可能逐渐形成蜡状固体。带有芳香气味，但尝味极苦。密度0.96～0.98克/厘米^3。水溶液振摇时产生多量泡沫，具有耐热性，可贮存较长时间而效果不减。易溶于水、乙醇，微溶于丙酮，不溶于乙醚、苯，水溶液呈碱性。

（5）毒性毒理。大鼠口服急性LD_{50}为400毫克/千克，鱼类LD_{50}为

15毫克/千克。本品毒性极低。无积累性毒性。1 000毫克/千克对皮肤也无很大刺激性。

新洁尔灭为一种季铵盐阳离子表面活性广谱杀菌剂，杀菌力强，对皮肤和组织无刺激性，对金属、橡胶制品无腐蚀作用，不污染衣服，性质稳定，易于保存，属消毒防腐类药剂。

（6）使用方法。0.1%溶液广泛用于接种环境的消毒，可长期保存效力不减。接种工具置于0.5%的溶液浸泡30分钟，可杀灭各种致病菌。忌与肥皂、盐类或其他合成洗涤剂同时使用，避免使用铝制容器。

9.必洁仕

（1）化学名称。二氧化氯消毒剂。

（2）毒性毒理。本消毒剂为无毒级产品。使用后，无农药残毒残留，无致畸致癌物，不呛人，保证操作者的身体安全。

（3）使用方法。可用于食用菌实验室、接种室（接种箱、接种帐）、培养室（培养车间）、菇房（菇棚）的消毒。也可用于种植食用菌各个环节的消毒。把本消毒剂A剂药片投放到B剂溶液中，即刻产生消毒气体，对空间和物体表面消毒。接种箱消毒用一片A剂+3毫升B剂，熏蒸40分钟；环境消毒每立方米用一片A剂+5毫升B剂，熏蒸60分钟；另可以配制成消毒液喷洒或擦洗，对多种杂菌有显著的防治效果。

10.石灰（Calcium oxide）

（1）分子式。CaO

（2）其他名称。生石灰。

（3）化学名称。氧化钙。

（4）理化性质。石灰为不规则的块状物，白色或灰白色，不透明，质硬，粉末白色。易溶于酸，微溶于水。暴露在空气中吸收水分后，则逐渐风化而成熟石灰。沸点2 850℃，熔点2 580℃，不溶于醇，溶于酸、甘油。相对密度（水=1）为3.25～3.38克/厘米^3。

（5）毒性毒理。本品属碱性氧化物，与人体中的水反应，生成强碱氢氧化钙并放出大量热，有刺激和腐蚀作用。与酸类物质能发生剧烈反应。具有较强的腐蚀性。

（6）使用方法。食用菌生产中利用石灰的碱性进行消毒环境，用2%～3%的浓度拌料提高基质中的pH，抑制细菌发酵，促进培养料熟化。

第三节　食用菌低毒杀菌剂性能及其使用方法

1.百·福

（1）其他名称。菇丰。

（2）毒性毒理。属低毒杀菌剂，制剂大鼠急性口服LD_{50}为3 160毫克/千克，经皮为5 000毫克/千克。为触杀性杀菌剂。

（3）剂型。30%百·福可湿性粉剂（10%百菌清与20%福美双复配剂）。

（4）理化性质。

①百菌清Chlorothalonil（打克尼尔）。

化学名称：四氯间苯二甲氰 。

分子式：$C_8N_2Cl_4$

稳定性：在通常贮藏条件下稳定，对碱性和酸性的水溶液以及紫外光的照射都较稳定。

毒性：原药大鼠急性口服LD_{50} > 10 000毫克/千克，兔急性经皮LD_{50} > 10 000毫克/千克。对兔眼有严重刺激作用，对某些人的皮肤有明显的刺激作用。对鱼的毒性大，对虹鳟鱼TL（96小时）为0.25毫克/千克，蓝鳃鱼TLm（96小时）0.38毫克/千克，对蜜蜂和鸟类低毒。

作用机制：本品使真菌细胞中的3-磷酸甘油醛脱氧酶失活，与该酶体含有半胱氨酸的蛋白质结合，破坏酶的活力，使真菌细胞的新陈代谢受到破坏而丧失生命力。

②福美双Thiram。

分子式：$C_6H_{12}N_2S_4$

化学名称：四甲基秋兰姆二硫化物。

其他名称：秋兰姆、赛欧散、阿锐生。

毒性：属低毒杀菌剂。原粉大鼠急性经口LD_{50}为780～865毫克/千克，小鼠急性经口LD_{50}为1 500～2 000毫克/千克，对皮肤和黏膜有刺激作用。对鱼类有毒，对蜜蜂无毒。

理化性质：纯品为白色无味结晶体（工业品为淡黄色粉末，有鱼腥气味）；相对密度为1.29；熔点140～146℃ ；溶解度（室温）：水中约30毫克/升，丙酮80克/升，氯仿230克/升，乙醇< 10克/升。

稳定性：长期暴露在空气、热及潮湿环境下易变质，遇酸易分解。

（5）使用方法。百·福（菇丰）对木霉、青霉、根霉、黄曲霉、毛霉、链孢霉、轮枝霉、疣孢霉、褶霉病和许多细菌性病害都有着很强的抑制和铲除作用。用于多种木腐菌培养料的生料拌料、熟料拌料和生长期的多种致病菌的防治。

①拌料处理。适用香菇、平菇、金针菇、灵芝、猴头菇、毛木耳、黑木耳、茶树菇、白灵菇、杏鲍菇、滑菇等品种的拌料处理。在拌料的清水中加入1 500～2 000倍的菇丰溶液（即100克药剂对水150～200千克）将药水与干料拌均匀。将培养料装袋灭菌，灭菌的温度宜控制在100～120℃。经菇丰拌料过的培养料，其绿霉、青霉、根霉、毛霉、黄曲霉、链孢霉等霉菌的萌发受到明显的抑制。

②覆土材料处理。先将土粒捣细晒干，在使用前5～7天将土粒摊开，用菇丰3 000倍液喷施于土壤再建堆，闷堆3～5天，病菌杀灭后用于覆盖料面。

③菇房消毒。在菇架、地面等空间喷施菇丰100～500倍液，可杀灭残留在菇房内的病菌。

2.噻菌灵（Thiabendazole）

（1）分子式。$C_{10}H_7N_3S$

（2）其他名称。特克多，涕必灵，噻苯灵，Tecto，TBZ，Bioguard，Mertect，Mintezol，594-F，597-F等。

（3）化学名称。2-（噻唑-4-基）苯并咪唑。

（4）理化性质。纯品为白色无味粉末，熔点304～305℃。工业原药为白色粉末，有效成分含量为98.5%，熔点296～304℃。本剂在室温下不挥发，加热至310℃升华。由于pH不同其在水中溶解度也不同：25℃ pH为2时，约1%，pH 5～12时低于50毫克/升。室温中在丙酮中溶解度为28克/升、苯2.3克/升、氯仿0.8克/升、甲苯93克/升、二甲基亚砜800克/升、二甲基甲酰胺39克/升。本剂在水、酸、碱溶液中均较稳定。

（5）毒性毒理。对人、畜低毒，属低毒杀菌剂，原药对大鼠急性口服LD_{50}为6 100毫克/千克，对小鼠3 810毫克/千克；对小鼠急性吸入毒性试验中无死亡例。对鱼低毒，鲤鱼TLm（48小时）大于40毫克/千克。对鸟亦低毒，鹌鹑LC_{50}为14 500毫克/千克。无致畸、致癌、致突变作用。为内吸性杀菌剂，杀菌谱与多菌灵相同。与苯丙咪唑类药剂有正交互抗药性。

（6）剂型。40%可湿性粉剂、450克/升悬浮剂。

（7）使用方法。能有效地控制由子囊菌、担子菌、半知菌引起的病害，兼具治疗和保护作用。食用菌上用于防治蘑菇褐腐病。用40%可湿性粉剂拌于覆盖土或喷淋菇床，用量为0.4～0.6克/米^3；用500克/升悬浮剂拌料，用量为每100千克拌入20～40克料，喷雾用量为0.5～0.75克/米^3。

3. 咪鲜胺（Prochloraz）

（1）分子式。$C_{15}H_{16}Cl_3N_3O_2$

（2）其他名称。并灭菌，施保克，丙氯灵，Sportak，Trimidal，Mirage，Abarit，Octare，Omega，BTS 40542。

（3）化学名称。N-丙基-N-［2-（2, 4, 6-三氯苯氧基）乙基］-1H-咪唑-1-甲酰胺。

（4）理化性质。纯品为白色结晶，熔点38.5～41.0℃，20℃时蒸汽压为76微帕。25℃时溶解度为（克/升）：丙酮3 500、氯仿2 500、甲苯2 500、乙醚2 500、二甲苯2 500、水0.005 3。在常温及中性介质下稳定，对光、浓酸和碱不稳定。原药为97%黄褐色液体。

（5）毒性毒理。对人、畜低毒，对大鼠急性经口LD_{50}为1 600毫克/千克，小鼠2 400毫克/千克；对大鼠急性经皮LD_{50}为5 000毫克/千克以上。对鸟低毒，雄野鸭LD_{50}为313毫克/千克。对虹鳟鱼LC_{50}为1毫克/升。

本品为高效、广谱、低毒的咪唑类杀菌剂，具有内吸传导、预防保护治疗等多重作用。通过抑制甾醇的生物合成而起作用，在植物体内具有内吸传导作用。

（6）剂型。450克/升水乳剂。

（7）使用方法。对多种作物由子囊菌和半知菌引起的病害具有明显的防效，也可以与大多数杀菌剂、杀虫剂混用，均有较好的防治效果。食用菌上常用于防治蘑菇褐腐病，将咪鲜胺拌于覆盖土或喷淋菇床0.4～0.6克/米^3。

4. 农用链霉素（Streptomycin sulfate）

（1）分子式。$C_{21}H_{39}N_7O_{12}$

（2）化学名称。O-2-甲氨基-2-脱氧-α-L-葡吡喃糖基-(1→2)-O-5-脱氧-3-C-甲酰基-α-L-来苏呋喃糖基-（1→4）-N1, N3-二脒基-D-链霉胺硫酸盐。

（3）理化性质。白色或类白色粉末，无臭或微臭。易溶于水，微溶于乙醇，不溶于甲醇、氯仿和丙酮。

（4）毒性毒理。属低毒杀菌剂，原药大白鼠急性经口 $LD_{50}>9\,000$ 毫克/千克。可引起皮肤过敏反应。农用链霉素有内吸作用。

（5）剂型。72%可溶性粉剂。

（6）使用方法。可防治多种细菌和真菌性病害。主要用于食用菌出菇期间的细菌性病害的防治，对平菇黄斑病、金针菇黑腐病、杏鲍菇腐烂病用500倍液喷雾，连续用药2～3次将病害控制。

5.二氯异氰尿酸钠（Sodium dichloroisocyanurate）

（1）分子式。$C_3O_3N_3Cl_2Na$

（2）其他名称。优氯净、优氯特、优氯克霉灵。

（3）理化性质。白色粉末或颗粒，密度为0.74克/毫升。有氯味，有刺激性气味，易溶于水，干品长期贮存，有效氯下降甚微，是一种性能稳定的强氧化剂和氯化剂。

（4）毒性毒理。对人、畜低毒，人经口LDLo为3 570毫克/千克，小鼠急性经口 LD_{50} 为2 270毫克/千克，兔经皮LDLo为3 160毫克/千克。鲤鱼 LD_{50} 为5.56毫克/千克，虾 LD_{50} 为15.6毫克/千克，罗非鱼 LD_{50} 为7.2毫克/千克。眼刺激实验为每24小时100毫克，反应是轻微的。为腐蚀品，对眼睛、皮肤等有灼伤危险，严禁与人体接触。

（5）剂型。40%可溶性粉剂、66%烟剂。

（6）使用方法。对食用菌栽培过程中易发生的霉菌及多种病害有较强的消毒和杀菌能力。用于防治平菇木霉菌。拌料用量为每100千克40～48克干料。还可用于菇房杀霉菌，66%烟剂熏蒸菇房，剂量为3.96～5.28克/米^3。

6.硫黄（Sulphur）

（1）分子式。S

（2）其他名称。胶体硫，Cosan，Elosal，Thiolux等。

（3）化学名称。硫。

（4）理化性质。黄色粉末，相对密度为2.07，在115℃时熔化成黄色易流动液体，在160℃时变黏、变黑。其同素异构体中以正交晶体硫最稳定，熔点112.8℃，另一斜晶体硫，熔点119℃。通常为两者的混合物，熔点115℃，30℃时蒸汽压为0.53毫帕。不溶于水，微溶于乙醇和乙醚。结晶物溶于二硫化碳，无定形物不溶于二硫化碳。此物易燃，易被水缓慢分解。硫黄能挥发，在高温下特别明显，熔融即升华。

（5）毒性毒理。对人畜低毒，但其蒸气及硫黄燃烧后发生的二氧化硫对人体有剧毒。50%悬浮剂对大鼠急性经口毒性LD_{50}大于10 000毫克/千克。

（6）剂型。45%悬浮剂、50%悬浮剂。

（7）使用方法。有杀菌、杀螨和杀虫作用，对介壳虫类也有较好的防治效果。其杀菌杀虫效力与粉粒大小有密切关系，粉粒越细，效力越大；但粉粒过细，容易聚结成团，不能很好分散，影响药效。常用于菇房的熏蒸消毒，用药量为7克/米^3，高温高湿可提高熏蒸效果。

第四节 食用菌低毒杀虫杀螨剂性能及其使用方法

1. 4.3% 高氟氯氰·甲阿维

（1）其他名称。菇净。

（2）剂型。4.3%高氟氯氰·甲阿维乳油。

（3）毒性毒理。高效氟氯氰菊酯：急性经口LD_{50} > 580毫克/千克；急性经皮LD_{50} > 2 000毫克/千克。

甲氨基阿维菌素苯甲酸盐：大鼠急性经口LD_{50} > 126毫克/千克；急性经皮LD_{50} > 126毫克/千克。

4.3%高效氟氯氰菊酯·甲氨基阿维菌素苯甲酸盐乳油：大鼠急性经口毒性，雄性LD_{50} > 1 260毫克/千克，雌性LD_{50} > 1 710毫克/千克；大鼠急性经皮毒性，雄性LD_{50} > 5 000毫克/千克，雌性LD_{50} > 5 000毫克/千克。

（4）防治对象。属高效低毒型杀虫、杀螨和线虫的杀虫剂，对成虫击倒力强，对螨虫的成螨和若螨都有快速作用。对食用菌中的夜蛾、菇蚊、蚤蝇、跳虫、食丝谷蛾、白蚁等虫害都有明显的效果。

（5）使用方法。可用于拌料、拌土处理，用量在1 000 ~ 2 000倍液。浸泡菌袋用量在2 000倍液左右，菇床杀成虫，喷雾用量在1 000倍液，杀幼虫用量在2 000倍液左右。

2. 甲氨基阿维菌素苯甲酸盐（Emamectin benzoate）

（1）分子式。

（2）其他名称。 甲维盐、埃玛菌素。

（3）化学名称。 4′-表-甲氨基-4′-脱氧阿维菌素苯甲酸盐。

（4）理化性质。 原药为白色或淡黄色结晶粉末；熔点为141 ～ 146℃ ；溶于丙酮和甲醇，微溶于水，不溶于己烷；稳定性：在通常贮存的条件下稳定。

（5）毒性毒理。 是从发酵产品阿维菌素B1开始合成的一种新型高效抗生素杀虫剂，具有超高效、低毒（制剂近无毒）、无残留、无公害等生物农药的特点。

（6）剂型。 1%乳油、1.6%乳油、1.9%乳油、5%水分散粒剂。

（7）使用方法。 甲维盐对很多害虫具有很高的活性。对鳞翅目昆虫的幼虫和螨类的活性极高，既有胃毒作用又兼触杀作用，防治食用菌中螨虫、线虫和菇蚊等，1%乳油用量为1 500 ～ 2 500倍液。

3. 螺螨酯（Spirodiclofen）

（1）分子式。

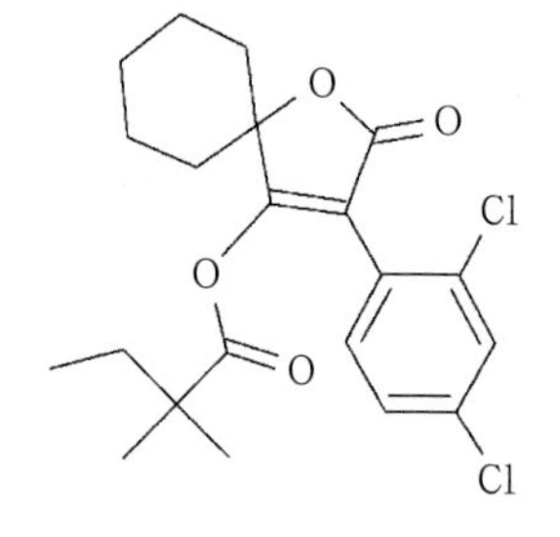

（2）其他名称。 螨危，Envidor，螨威多。

（3）化学名称。 3-（2，4-二氯苯基）-2-氧代-1-氧杂螺［4，5］-癸-3-烯4-基-2，2-二甲基丁酯、季酮螨酯。

（4）理化性质。 外观白色粉状，无特殊气味，熔点94.8℃，20℃蒸汽压3×10^{-7}帕，20℃密度1.29克/厘米^3。溶解性（1 000毫升溶剂所含的物质，20℃）：正己烷中20，二氯甲烷中＞250，异丙醇中47，二甲苯中＞250，水中0.05。

（5）**毒性毒理**。大鼠急性经口LD_{50}＞2 500毫克/千克，急性经皮LD_{50}＞4 000毫克/千克；季酮螨酯通过抑制害螨体内的脂肪合成，破坏螨虫的能量代谢活动，最终杀死害螨。它是一种全新的、高效非内吸性喷雾处理杀螨剂，与其他现有杀螨剂不存在交互抗性问题，对多种螨类均有很好防效和出色的持效性。

（6）**剂型**。240克/升悬浮剂。

（7）**使用方法**。属于新型季酮酸类杀螨剂。既杀卵又杀幼螨，特别适合于防治对现有杀螨剂产生抗性的有害螨类。240克/升悬浮剂稀释3 000 ～ 5 000倍液用于防治菇床中的螨虫。

4.磷化铝（Aluminium phosphide）

（1）**分子式**。AlP

（2）**其他名称**。Aluminum monophosphide，Detia，Phostoxin。

（3）**理化性质**。浅黄色或灰绿色结晶、粉末或片状，无味，相对密度2.85（15℃）。熔点2 000℃（分解），相对分子质量57.95，微溶于冷水，遇水能生成等量的磷化氢。溶于乙醇和乙醚，与无机酸可剧烈反应，与王水接触则发生爆炸和燃烧，不熔融，在空气中加热到700℃以上可被氧化成氧化铝和磷酸铝，至1 000℃才升华。

（4）**毒性毒理**。对人畜高毒。磷化铝中毒机理是作用于细胞酶，影响细胞代谢，发生内窒息。它除对胃肠道有局部刺激腐蚀作用外，主要作用于中枢神经系统、心血管系统、呼吸系统及肝肾。其中以中枢神经系统受害最早、最严重。急性毒性：LD_{50} 20毫克/千克（人经口）。当人接触磷化氢浓度为409 ～ 846毫克/米^{3}时，0.5 ～ 1小时致死；当人处于浓度为1 390毫克/米^{3}时，可立即死亡。

（5）**剂型**。56%片剂、85%粉剂。

（6）**使用方法**。磷化铝是用赤磷和铝粉烧制而成。因杀虫效率高、经济方便而应用广泛。可熏蒸防治人工栽培食用菌的多种害虫，如菇螨、菇蝇、菇蚊、跳虫和线虫等，以2 ～ 3米^{3}空间放药1片为宜。熏蒸时人需立即离开，隔2天后开门窗通气后才能入内。

5.浏阳霉素（Liuyangmycin）

（1）**其他名称**。大环四内酯类抗生素。

（2）**分子式**。

（3）**理化性质**。纯品为无色棱柱状结晶。易溶于苯、醋酸乙酯、氯仿、乙醚、丙酮，可溶于乙醇、正己烷等有机溶剂，不溶于水。

（4）**毒性毒理**。大白鼠急性经口＞10 000毫克/千克，经皮＞2 000毫克/千克。无致畸、致癌、致突变性。但该药剂对鱼毒性较高，对鲤鱼LC_{50}＜0.5毫克/升，属高毒但对天敌昆虫及蜜蜂比较安全。

（5）**剂型**。20%复方浏阳霉素乳油、10%乳油。

（6）**使用方法**。浏阳霉素为一触杀性杀虫剂，对螨类具有特效。使用浓度为1 000 ～ 3 000倍液。

6.苏云金杆菌以色列变种（*Bacillus thuringiensis* subsp.*israelensis*，简称Bti）

（1）**有效成分**。苏云金杆菌以色列变种、血清型H-14。

（2）**杀虫毒理**。Bti、血清型H-14和有毒晶体，被蚊类幼虫摄食后可导致蚊幼体内钾、钠离子失衡、出现血毒症而死亡。

（3）**剂型**。7 000ITU/毫克母药、1 200ITU/毫克可湿性粉剂、400ITU/微升悬浮剂。

（4）**使用方法**。一般以1 ～ 2克/米^{2}制剂喷洒为宜。

7.噻嗪酮（Buprofezin）

（1）**其他名称**。扑虱灵、优乐得。

（2）**分子式**。

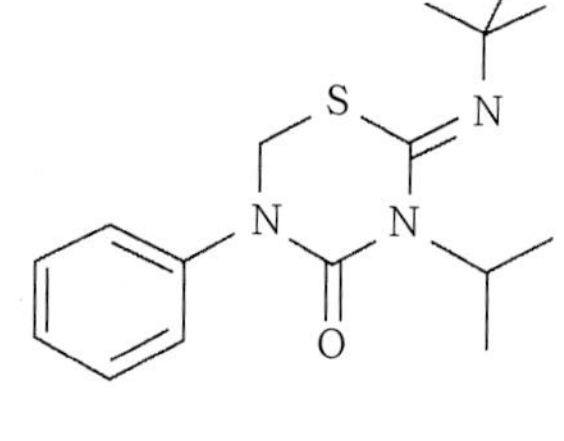

（3）**化学名称**。2-叔丁基亚氨基-3-异丙基-5-苯基-1,3,5-噻二嗪-4-酮。

（4）**理化性质**。白色晶体。熔点104.5 ～ 105.5℃，难溶于水，易溶于有机溶剂。对酸和碱稳定，对光和热稳定。

（5）**毒性毒理**。大鼠急性经口LD_{50}大于2 198毫克/千克。具有触杀和胃毒作用。

（6）剂型。25%乳油、25%可湿性粉剂、40%胶悬剂。

（7）使用方法。作用机制为抑制昆虫几丁质合成和干扰新陈代谢，致使若虫蜕皮畸形而缓慢死亡。可用来防治跳虫、菇蚊幼虫，25%可湿性粉剂使用浓度为2 000～3 000倍液。喷药1～2次，两次喷药间隔15天左右。

8. 除虫脲（Diflubenzuron）

（1）其他名称。敌灭灵、灭幼脲1号。

（2）分子式。

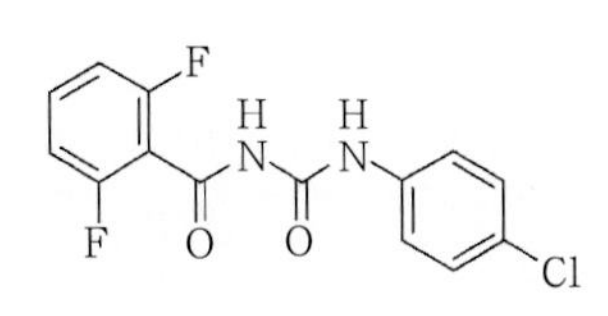

（3）化学名称。1-（4-氯苯基）-3-（2,6-二氟苯甲酰基）脲。

（4）理化性质。纯品为白色结晶，原粉为白色至黄色结晶粉末。不溶于水，难溶于大多数有机溶剂。对光、热比较稳定，遇碱易分解，在酸性和中性介质中稳定，对人、畜、鱼、蜜蜂等毒性较低，属于无毒性农药。

（5）毒性毒理。大、小鼠急性经口LD_{50}＞4 640毫克/千克。大鼠经皮LD_{50}＞10 000毫克/千克。

（6）剂型。20%悬浮剂，5%、25%可湿性粉剂，5%乳油。

（7）使用方法。除虫脲为苯甲酸基苯基脲类除虫剂，主要是胃毒和触杀作用。害虫接触药剂后，不能在蜕皮时形成新表皮，虫体畸形而死亡。可防治鳞翅目害虫、菇蚊、菇蝇等，在幼虫期使用25%可湿性粉剂2 000～3 000倍的药液喷雾，可杀死幼虫，并有杀卵作用。

第五节 食用菌病虫控制器使用方法

1. 臭氧发生器 臭氧是一种有气味的浅蓝色气体，氧的同素异形体，其分子质量为48，具有广谱高效杀菌作用。利用其强氧化性，在较短时间杀灭细菌繁殖体、芽孢、真菌及病毒等一切病原微生物，对室内空气和物品表面达到理想的消毒与杀菌效果。其杀菌效果与过氧乙酸相当，强于甲醛，杀菌力比氯高1倍。快速的气味可以驱除对气味较敏感的小动物和昆虫，如老鼠、蟑螂等。

臭氧消毒的特点：①灭活速度比紫外线快3～5倍，比氯快300～600倍。②灭活率随臭氧浓度的增加而提高。③消毒时不消耗氧气，还原快。④无消毒死角，凡空气能到达的地方都能有效消毒。⑤不需要辅助药剂。⑥使用方便安全。⑦适用于接种室、培养室、出菇室等场地的空气消毒。

臭氧消毒器的类型及主要性能

性能 类型	适用范围 （米³）	消毒时间 （分钟）	消耗功率 （瓦）	体积 （毫米³）
FCY-3	25 ～ 30	60	≤40	340×165×70
FCY-3A	50 ～ 100	60	≤100	470×208×100
FCY-5A	100 ～ 200	60	≤260	220×560×450
FCY-5B	100 ～ 200	60	≤260	220×350×600
可移动式		适用于规模化工厂化生产		
外接管道式		适用于规模化工厂化生产		
内置风道式		适用于大规模工厂化生产		

2.诱虫灯

（1）原理。利用趋光、趋波、趋色、趋性信息的特性，将光的波段、波的频率设定在特定的范围内。近距离用光，远距离用波，加以昆虫本身产生的性信息引诱成虫扑灯，被频振式高压电网触杀，落入接虫袋内。

（2）使用方法。在成虫羽化期，菇房上空悬挂杀虫灯，每间隔10米距离挂一盏灯，在晚间开灯，早上熄灭，诱杀大量的成虫，可有效减少虫口数量。

（3）型号。PS-15 Ⅱ（普通、光控）、PS-15H（普通、光控）、PS-15 Ⅲ（光温）。

（4）生产厂家。佳多科工贸有限公司。

3.黏虫板

（1）原理。多种害虫成虫对黄色敏感，具有强烈的趋黄性。中外科学家经过多年试验，通过色谱分析确认了某一特殊黄色具有最好诱虫效果。采用这种特殊黄色配以特殊黏胶，开发研制出高效黄色黏虫板，实践表明诱杀效果非常显著。

（2）使用方法。从开袋或出菇期开始使用，并保持不间断使用可有效控制害虫发展。每667米²悬挂25厘米×15厘米黄板30块。在菇床上方20厘米处悬挂。

（3）生产厂家。天津市金土地农业技术发展有限公司。

附　　录

1. 中国登记的食用菌上的农药使用情况及残留标准

农药名称	防治对象或用途	药剂有效成分用量或浓度	施药方法	每季作物最多使用次数	安全间隔期（天）	MRLs标准（毫克/千克）	实施要点说明
百菌清+福美双	疣孢霉菌木霉菌	0.09～0.18克/米²	喷雾				
多菌灵	褐腐病	2～2.5克/米²	拌土			香菇0.5	
二氯异氰尿酸钠	平菇木腐病	每100千克干料用量40～48克	拌料				
	菇房霉菌	3.96～5.28克/米³	点燃				
氟虫腈	菌蛆	每100米²用量1.5～2.0克	喷雾				
甲氨基阿维菌素苯甲酸盐+高效氟氯氰菊酯	菌蛆、螨	0.13～0.22克/100米²	喷雾				
咪鲜胺	白腐病、褐腐病	0.4～0.6克/米²	拌土喷雾			2	拌于覆盖土或喷淋菇床
咪鲜胺+氯化锰	褐腐病	0.4～0.6克/米²	喷雾	2	8	咪鲜胺2	均匀喷雾在培养料上
噻菌灵	湿泡病	200～400毫克/千克	拌料	1	65	2	制包前将药均匀拌于木屑中
		0.5～0.75克/米²	喷雾	3	55		菌丝生长期喷施于段木剖面上（施药间隔30天）

2.日本登记的食用菌上的农药使用情况及残留标准

农药名称	防治对象或用途	稀释量或使用量	施药方法	使用次数	使用时期	MRLs标准（毫克/千克）
50%苯菌灵水剂	木霉菌	稀释1 000倍（原木栽培）	向段木喷洒	≥3	收获前30天	
		培养基重量的0.02%（香菇菌床栽培）	拌料	1		
		0.008 %（金针菇）				
		0.01%～0.02%（滑菇）				
		0.01%～0.02%（平菇）				
		0.008%～0.02%（其他食用菌类）				
80%杀螟硫磷乳剂（MEP）	天牛类	稀释350倍（段木）	喷洒	≥2	成虫生长初期或产卵期	花菇0.05 其他0.5
		稀释40倍（段木用冠木）				
10%苏云金杆菌的芽孢杆菌及生产的结晶毒素水剂（Bt）	蛾类	1 000倍（香菇）	喷洒	≥3	害虫生长初期，截止到香菇发菌前14天	
		200倍（香菇）	涂抹在形成菌种的器皿内	1	菌种接种前	
23.5%除虫脲水剂	蕈蚊类	375倍，1.5升/米^2（蘑菇）	喷洒在土壤表面	1	盖土时，截止到收获前21天	
布氏白僵菌	双簇污天牛	段木中每10株1片（香菇）	架在段木上		产卵期或成虫生长初期	

3.其他国家食用菌子实体上的农药残留标准（毫克/千克）

农药	欧盟		日本			美国	加拿大	澳大利亚
	野生	栽培	蘑菇	香菇	其他食用菌			
阿维菌素	0.01	0.01	0.01	0.01	0.01			
百菌清	0.01	2	1	5	5	1	1	
吡虫啉			0.5	0.5	0.5			
除虫脲			0.1	0.05	0.05	0.2		0.1
敌敌畏	0.1	0.1				0.5		0.5
多菌灵	0.1	1	3	3	3		5	10
福美双	3	3						
氟虫腈								0.02
高效氟氯氰菊酯	0.5	0.02						
克菌丹	0.1	0.1	5	5	5			
咪鲜胺	0.05	2						3
灭蝇胺	0.05	5	5	5	5	1	8	
噻菌灵	0.05	10	60	2	2	40		0.5
噻嗪酮			0.5	0.5	0.5			
杀螟硫磷	0.5	0.5						0.5
杀螨特	0.01	0.01	0.1	0.1				
杀螨酯	0.01	0.01	0.01	0.01	0.01			
四螨嗪	0.02	0.02	0.02	0.02	0.02			
氧化铜			1	1	1			
氧化乐果	0.2	0.2	1	1	1			
西维因			3	3	3			
烟碱、尼古丁			2			2	2	
乙酰甲胺磷	0.02	0.02	1	1	1			
异菌脲（扑海因）	0.02	0.02	5	5	5			

参考文献

曾宪顺，王明祖．2000．食用菌病虫害防治技术［M］．广州：广东科技出版社．

黄年来，林志彬，陈国良，等．2011．中国食药用菌学［M］．上海：上海科学技术出版社．

黄年来．1993．中国食用菌百科［M］．北京：农业出版社．

黄年来．2001．食用菌病虫诊治（彩色）手册［M］．北京：中国农业出版社．

罗佳，庄秋林．2007．福建食用菌双翅目害虫的种类、危害及防治［J］．福建农林大学学报：自然科学版，36（3）：237–240．

罗信昌，王家清，王汝才．1992．食用菌病虫杂菌及防治［M］．北京：农业出版社．

张学敏，杨集昆，谭琦．1994．食用菌病虫害防治［M］．北京：金盾出版社．

J T 弗莱彻，R F 怀特，R H 盖泽．1993．蘑菇病虫害防治［M］．王明秀，译．2版．北京：农业出版社．